"双证融通"试点配套教材

U0183187

数控铣削程序编写与调试

主　编　沙　乾　孙晶海

副主编　吴悦乐　严龙伟

ZHEJIANG UNIVERSITY PRESS
浙江大学出版社

图书在版编目（CIP）数据

数控铣削程序编写与调试 / 沙乾,孙晶海主编.
—杭州：浙江大学出版社，2020.3
ISBN 978-7-308-19988-9

Ⅰ. ①数… Ⅱ. ①沙… ②孙… Ⅲ. ①数控机床—铣
削—程序设计—高等职业教育—教材 Ⅳ. ①TG547

中国版本图书馆 CIP 数据核字（2020）第 020526 号

数控铣削程序编写与调试

主　编　沙　乾　孙晶海
副主编　吴悦乐　严龙伟

责任编辑　杜希武
责任校对　陈静毅　汪志强
封面设计　刘依群
出版发行　浙江大学出版社
　　　　　（杭州市天目山路 148 号　邮政编码 310007）
　　　　　（网址：http://www.zjupress.com）
排　　版　杭州好友排版工作室
印　　刷　杭州高腾印务有限公司
开　　本　787mm×1092mm　1/16
印　　张　11.75
字　　数　293 千
版 印 次　2020 年 3 月第 1 版　2020 年 3 月第 1 次印刷
书　　号　ISBN 978-7-308-19988-9
定　　价　49.00 元

前　　言

本教材根据中等职业学校数控技术应用专业双证融通人才培养的标准与方案,结合编者在数控技术应用领域多年的教学改革和工程实践的经验编写而成。通过加工程序的识读和编制,掌握数控铣工(四级)职业资格标准中的相关模块要求,在学习过程中逐渐形成中等复杂程度零件数控铣削程序识读和编制的职业能力。

本教材以任务引领、实践导向为设计思路,结合职业技能鉴定要求组织教材内容。全书图文并茂,增强教材对学生的吸引力,加深学生对数控铣削程序编写与调试的认识与理解。

全书内容的组织遵循学生学习的认知规律,以数控铣削程序编写与调试技能提升为主线,包含编程准备、平面铣削编程与调试、二维轮廓铣削编程与调试、曲面铣削编程与调试、孔系铣削编程与调试、典型零件铣削编程与调试 6 个学习任务。内容力求形成一个清晰的机械加工主线,既要符合人的认知规律,又必须为学生今后的工作奠定良好的知识基础。本教材所涉及的标准为最新国家标准。

本教材由上海市高级技工学校——上海工程技术大学高等职业技术学院沙乾、孙晶海担任主编,沙乾负责项目一、项目二、项目三、项目六,孙晶海负责项目四、项目五;上海市高级技工学校——上海工程技术大学高等职业技术学院吴悦乐、严龙伟担任副主编,分别负责全书仿真插图和全书图纸;参加本书编写工作的还有上海市高级技工学校——上海工程技术大学高等职业技术学院马海涛、丁金忠、高祎顺等。

由于编者水平有限,在编写中难免有不妥和错误之处,真诚希望广大读者批评指正。

目　　录

项目一　数控铣削编程准备

❖ 能了解编程的过程和基本方法；
❖ 能掌握常用字的功能类别；
❖ 能识读数控铣削程序；
❖ 能确定数控铣床的机床坐标系和工件坐标系；
❖ 能使用仿真软件的基本功能。

模块一　数控铣削编程基础

模块目标

● 了解编程的过程和基本方法
● 掌握常用字的功能类别
● 掌握数控程序的组成
● 能识读数控铣削程序

学习导入

计算机中有许多软件的开发需要通过编程完成,机械加工同样可以通过编程来完成零件的加工。

任务一　数控铣削编程入门

任务目标

1. 了解数控机床的发展
2. 熟悉数控机床编程的过程
3. 熟悉数控机床程序编制的方法

知识要求

● 数控机床的概述
● 数控程序编制的定义
● 熟悉数控机床编程的过程
● 了解数控机床程序编制的方法

知识链接

一、数控机床概述

1. 数控机床的定义

数控(NC)是数字控制(NUMERICAL CONTROL)的简称,是 20 世纪中叶发展起来的一种用数字化信息进行自动控制的方法。装备了数控技术的机床称为数控机床,简称 NC 机床。

2. 数控机床的产生

随着社会生产和科学技术的飞速发展,机械制造技术发生了深刻的变化,即产品性能、精度和效率日趋提高且改型频繁,生产类型由大批量向多品种、小批量转化。因此,机械加工要求高精度、高柔性与高自动化,由此产生了数控机床。

数控机床是用数字代码形式的信息(程序指令),控制刀具按给定的工作程序、运动速度和轨迹进行自动加工的机床,是在机械制造技术和控制技术的基础上发展起来的。

1948 年,美国帕森斯公司与麻省理工学院合作,于 1952 年试制成功第一台三坐标数控铣床,当时的数控装置采用电子管元件。我国是从 1958 年起步,由清华大学研制出了最早的样机。1959 年,数控装置采用了晶体管元件和印制电路板,进入第二代。1965 年,出现了第三代的集成电路数控装置。20 世纪 60 年代末,采用小型计算机控制的计算机数字控制(COMPUTERIZED NC,简称 CNC)系统,使数控装置进入了第四代。1974 年,使用微处理器和半导体存储器的微型计算机数控(MICROCOMPUTERIZED NC,简称 MNC)装置研制成功,这是第五代数控系统。

20 世纪 80 年代初,随着计算机技术的发展,出现了人机对话式自动编程数控装置,且日趋小型化,可以直接安装在机床上;数控机床的自动化程度进一步提高,具有自动监控刀具破损和自动检测工件等功能。20 世纪 90 年代后期,出现了 PC(PERSONAL COMPUTER)＋CNC 智能数控系统,即以 PC 机为控制系统的硬件部分,在 PC 机上安装 NC 软件系统,此种方式系统维护方便,易于实现网络化制造。

二、数控程序编制的定义

数控机床是按照事先编制好的数控程序自动地对工件进行加工的高效自动化设备。理想的数控程序不仅应该保证能加工出符合图纸要求的合格工件,还应该使数控机床的功能得到合理的应用与充分的发挥,以使数控机床能安全、可靠、高效地工作。

在程序编制以前,编程人员应了解所用数控机床的规格、性能、数控系统所具备的功能及编程指令格式等。编制程序时,需要先对零件图纸规定的技术特性、几何形状、尺寸及工艺要求进行分析,确定加工方法和加工路线,再进行数值计算,获得刀具中心运动轨迹的位置数据。然后,按数控机床规定采用的代码和程序格式,将工件的尺寸、刀具运动中心轨迹位移量、切削参数(主轴转速、切削进给量、背吃刀量等)以及辅助功能(换刀、主轴的正转与反转、切削液的开与关等)编制成数控加工程序。在大部分情况下,要将加工程序记录在加工程序控制介质(简称控制介质)上。通过控制介质将零件加工程序输入数控系统,由数控系统控制数控机床自动地进行加工。

因此,数控机床的程序编制主要包括:分析零件图纸、工艺处理、数学处理、编写程序单、制作控制介质及程序检验。因此数控程序编制也就是指由分析零件图纸到程序检验的全部过程,如图 1-1 所示。

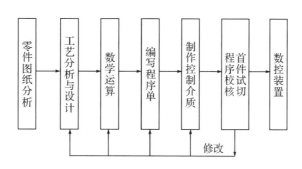

图 1-1　数控机床程序编制的过程

三、数控机床程序编制的过程

1. 分析零件图纸和制定工艺过程及工艺路线

对零件图纸要求的形状、尺寸、精度、材料及毛坯形状和热处理进行分析,明确加工内容和要求;确定工件的定位基准;选用刀具及夹具;确定对刀方式和选择对刀点;确定合理的走刀路线及选择合理的切削用量;等。

2. 数学处理

根据零件的几何尺寸、加工路线,计算刀具中心运动轨迹,以获得刀位数据。一般的数控系统均具有直线插补与圆弧插补的功能,对于加工由圆弧和直线组成的较简单的平面零件,只需要计算出零件轮廓上相邻几何元素的交点或切点的坐标值,得出各几何元素的起点、终点、圆弧的圆心坐标值。对于较复杂的零件或零件的几何形状与控制系统的插补功能不一致时,就需要进行较复杂的数值计算。例如对非圆曲线(如渐开线、阿基米德螺旋线等)需要用直线段或圆弧段来逼近,在满足加工精度的条件下,计算出曲线各节点的坐标值。对于列表曲线、空间曲面的程序编制,其数学处理更为复杂,一般需要使用计算机辅助计算,否则难以完成。

3. 编写零件加工程序

数控机床进行零件加工前,须把加工过程转换为程序,即编写加工程序。按照数控系统规定使用的功能指令代码及程序段格式,逐段编写加工程序单。程序编制人员应对数控机床的性能、程序指令及代码非常熟悉,才能编写出正确的加工程序。

4. 程序输入

通过键盘直接将程序输入数控系统的,称为 MDI 方式输入。也可以先制作控制介质,再将控制介质上的程序通过计算机通信接口输入数控系统。数控程序最早的控制介质是穿孔带,它带有一排纵向导向孔和一系列横向八孔位的程序信息孔,穿孔带的穿孔信息包括检验位信息。而后有磁带、磁盘等作为控制介质。现在可以采用机床 CF 卡和 U 盘将数据传送入数控装置。随着 CAD(计算机辅助设计)和 CAM(计算机辅助制造)技术的发展,数控设备利用 CAD 或 CAM 软件自动编程,生成的加工程序通过计算机通信系统与网络系统直接传送给数控装置。

5. 程序检验

对有图形显示功能的数控机床,可进行图形模拟,检查轨迹是否正确。但这只能表示轨迹形状的正确性,不能决定被加工零件的精度。因此,需要对工件进行首件试切,当发现误差时,应分析误差产生的原因,加以修正。

四、数控机床程序编制的方法

数控机床程序的编制目前有两种方法:手工编程和计算机自动编程。

手工编程是指主要由人工来完成数控机床程序编制各个阶段的工作。当被加工零件形状不十分复杂和程序较短时,都可以采用手工编程的方法。

对于几何形状不太复杂的零件,所需要的加工程序不长,计算也比较简单,出错机会较少,这时用手工编程既经济又及时,因而手工编程仍被广泛地应用于形状简单的点位加工及平面轮廓加工中。但对于一些复杂零件,特别是具有非圆曲线的表面,或者零件的几何元素并不复杂,但程序量很大的零件(如一个零件上有许多个孔或平面轮廓由许多段圆弧组成),或当铣削轮廓时,数控系统不具备刀具半径自动补偿功能,而只能以刀具中心的运动轨迹进行编程等特殊情况,由于计算相当烦琐且程序量大,手工编程就难以胜任,即使能够编出程序来,往往耗费很长时间,而且容易出现错误。据国外统计,当采用手工编程时,一个零件的编程时间与在机床上实际加工时间之比,平均约为 30:1,而数控机床不能开动的有 20%～30%是由于加工程序编制困难,编程所用时间较长,造成机床停机。因此,为了缩短生产周期,提高数控机床的利用率,有效地解决各种模具及复杂零件的加工问题,采用手工编制程序已不能满足要求,而必须采用"自动编制程序"的办法。

使用计算机(或编程机)进行数控机床程序编制工作,即在编程的各项工作中,除拟订工艺方案仍主要依靠人工进行外,其余的工作,包括数学处理、编写程序单、制作控制介质和程序校验等各项工作均由计算机自动完成,这一过程就称为计算机自动编程。

采用计算机自动编程时,程序编制人员只需根据零件图纸和工艺要求,使用自动编程语言编写出一个较简短的零件加工源程序,并将其输入到计算机中,计算机自动地进行处理,计算出刀具中心运动轨迹,编出零件加工程序并自动地制作出穿孔纸带。由于计算机可自动绘出零件图形和走刀轨迹,因此程序编制人员可及时检查程序是否正确,需要时可及时修改,以获得正确的程序。又由于计算机自动编程代替程序编制人员完成了烦琐的数值计算工作,并省去了书写程序单及制作控制介质的工作量,因而可将编程效率提高几十倍乃至上百倍,同时解决了手工编程无法解决的许多复杂零件的编程难题。

按输入方式的不同,自动编制程序可分为语言数控自动编程、图形数控自动编程和语音数控自动编程等。语言数控自动编程指加工零件的几何尺寸、工艺要求、切削参数及辅助信息等是用数控语言编写成源程序后,输入到计算机中,再由计算机进一步处理得到零件加工程序单。图形数控自动编程指用图形输入设备(如数字化仪)及图形菜单将零件图形信息直接输入到计算机并在荧光屏上显示出来,再进一步处理,最终得到加工程序及控制介质。语音数控自动编程是采用语音识别器,将操作者发出的加工指令声音转变为加工程序。

按程序编制系统与数控系统紧密性的不同,自动编程又分为离线程序编制和在线程序编制。与数控系统相脱离的程序编制系统为离线程序编制系统,该种系统可为多台数控机床编制程序,其功能往往多而强,程序编制时不占机床工作时间。随着数控技术的不断发展,数控系统不仅可用于控制机床,还可用于自动编制程序。有的数控装置具有会话型编程功能,就是将离线编程机的许多功能移植到了数控系统。

作业练习

一、判断题

1. 数控程序最早的控制介质是磁盘。（　　　）
2. 手工编程适用于零件不太复杂、计算较简单、程序较短的场合,经济性较好。（　　　）

二、单项选择题

1. 研制生产出世界上第一台数控机床的国家是（　　　）。

A. 美国　　　　　　B. 德国　　　　　　C. 日本　　　　　　D. 英国

2. 世界上第一台数控机床是（　　　）。

A. 加工中心　　　　B. 数控冲床　　　　C. 数控车床　　　　D. 数控铣床

3. 英文缩写 CNC 的含义是（　　　）。

A. 数字控制　　　　B. 计算机数字控制C. 数控机床　　　　D. 计算机数控机床

4. 数字控制的英文缩写是（　　　）。

A. MC　　　　　　B. FMC　　　　　　C. NC　　　　　　D. CNC

5. 以下说法正确的是（　　　）。

A. 手工编程适用于零件复杂、程序较短的场合

B. 手工编程适用于计算简单的场合

C. 自动编程适用于二维平面轮廓、图形对称较多的场合

D. 自动编程经济性好

任务二　数控编程的常用功能类别

任务目标

1. 能识别程序代码
2. 能识读数控铣削程序

知识要求

● 掌握常用字的功能类别
● 掌握数控程序的构成

技能要求

● 掌握字的功能类别 G 代码、M 代码的含义
● 根据数控铣削程序识别代码并读懂数控铣削程序

任务描述

● 识别程序代码并读懂数控铣削程序

任务准备

● 根据表 1-1 中文件名为 O1001 的程序单,填写表 1-2 任务表格中与项目描述所对应的各项内容。

表 1-1　程序单

O1001；
N10 G54 G90 G17 G00 X120. Y0；
N20 M03 S250；
N30 Z50. M08；
N40 G00 Z5.；
N50 G01 Z-2. F100；
N60 X-120. F300；
N70 Z0 S400；
N80 X120. F160；
N90 G00 X120. F160；
N100 M05；
N110 M30

任务实施

1. 操作准备

笔。

2. 操作步骤

(1)阅读与该任务相关的知识；

(2)填写表 1-2 中的"内容"栏目。

表 1-2　任务表格

序号	项目	内容
1	该程序的文件名	
2	该程序包含几个程序段	
3	程序段"N10 G54 G90 G17 G00 X120. Y0"中含有几个指令字	
4	指令"S250"中的字母"S"是什么功能字	
5	该程序段中出现了哪几种功能字	
6	该程序的结束符	
7	G90 的含义	
8	M08 的含义	
9	G54 是模态指令还是非模态指令	
10	M30 是模态指令还是非模态指令	

3. 任务评价(见表 1-3)

表 1-3　任务评价

序号	评价内容	配分	得分
1	该程序的文件名	9	
2	该程序包含几个程序段	9	

序号	评价内容	配分	得分
3	程序段"N10 G54 G90 G17 G00 X120. Y0"中含有几个指令字	9	
4	指令"S400"中的字母"S"是什么功能字	9	
5	该程序段中出现了哪几种功能字	9	
6	该程序的结束符	9	
7	G90 的含义	9	
8	M08 的含义	9	
9	G54 是模态指令还是非模态指令	9	
10	M30 是模态指令还是非模态指令	9	
11	职业素养	10	
	合计	100	
	总分		

注意事项:

1. G02 和 G03 在功能上的区别。

2. 小数点的使用规则。

知识链接

一、程序的基本构成

每种数控系统,根据其本身的特点及编程需要,都有一定的程序格式,对于不同的机床,程序的格式也有所不同。

1. 程序结构

一个完整的加工程序由若干个程序段组成,开头是程序号(名),中间是程序内容,最后是程序结束指令。

(1)程序号(名)

程序号(名)是程序的开始部分,为了区分存储器中的程序,每个程序都要有程序编号,不能重复,在编号前采用编号地址码,FANUC 系统程序名采用字母 O 加四位数字组成。例如 O1234。

(2)程序内容

程序内容是整个程序的核心,由多个程序段组成,每个程序段由一个或多个指令组成,表示数控铣床要完成的全部动作。

2. 程序段格式

在数控机床的发展历史上,曾经用过固定顺序格式和分隔符程序段格式。现在一般都使用字地址格式,这种格式的每个程序段由若干个功能字组成,每个功能字通常由字母、数字和符号组成。字又叫编辑单位,在面板上输入或编辑时,作为一个不可分割的整体。加工程序段的结构为

$$N \_\_ G \_\_ X \_\_ Y \_\_ Z \_\_ F \_\_ S \_\_ M \_\_ T \_\_$$

各个功能字的含义见表 1-4。程序段中的字根据需要可有可无,书写顺序可以颠倒,程

序段可长可短,这种程序段格式称为字地址可变程序段格式。

表 1-4　功能字的含义

功能字	名称	说明	编程范围
N	程序段号	在程序段开头,可以识别程序段的编号,是转移、调用时的地址入口。在 FANUC 系统中可以省略	编写范围 N0-N9999
G	准备功能	ISO 有统一规定,但是不同的系统会有区别	编写范围从 G00-G99,有些系统出现 3 位 G 代码
X_Y_Z	坐标功能	用来描述轮廓在坐标系中的位置,一般写在准备功能 G 代码后面,有正负号	机床最小输入单位 0.001～机床行程范围
M	辅助功能	ISO 有统一规定,但是不同的系统会有区别	编写范围从 M00-M99,有些系统出现 3 位 M 代码
F	进给功能	进给速度分为每分钟进给 mm/min 和每转进给 mm/r,由 G 代码确定,铣床常用 mm/min	机床进给速度范围
S	主轴转速功能	主轴转速,单位 r/min	机床主轴转速范围
T	刀具功能	若没有换刀功能,一般没有 T 功能	机床规定范围
;	程序段结束符号	一段程序结束,段与段之间的分隔符号。机床由 EOB 键代表	

二、字的功能类别

1. 准备功能(G 代码)

准备功能(G 代码)用来规定刀具和工件的相对运动轨迹、机床坐标系、坐标平面、刀具补偿、坐标偏置等多种加工操作。数控加工常用的 G 代码功能见表 1-5。

表 1-5　常用的 G 代码功能

G 代码	组	功能	附注
G00	01	定位（快速移动）	模态
G01		直线插补	模态
G02		顺时针方向圆弧插补	模态
G03		逆时针方向圆弧插补	模态
G04	00	停刀,准确停止	非模态
G17	02	XY 平面选择	模态
G18		XZ 平面选择	模态
G19		YZ 平面选择	模态
G20	06	英制输入	模态
G21		米制输入	模态
G28	00	机床返回参考点	非模态

续表

G 代码	组	功能	附注
G40		取消刀具半径补偿	模态
G41	07	刀具半径左补偿	模态
G42		刀具半径右补偿	模态
G43		刀具长度正补偿	模态
G44	08	刀具长度负补偿	模态
G49		取消刀具长度补偿	模态
G50	11	比例缩放取消	模态
G51		比例缩放有效	模态
G50.1	22	可编程镜像取消	模态
G51.1		可编程镜像有效	模态
G52	00	局部坐标系设定	非模态
G53	00	选择机床坐标系	非模态
G54		工件坐标系 1 选择	模态
G55		工件坐标系 2 选择	模态
G56	14	工件坐标系 3 选择	模态
G57		工件坐标系 4 选择	模态
G58		工件坐标系 5 选择	模态
G59		工件坐标系 6 选择	模态
G65	00	宏程序调用	非模态
G66	12	宏程序模态调用	模态
G67		宏程序模态调用取消	模态
G68	16	坐标旋转	模态
G69		坐标旋转取消	模态
G73		排削钻孔循环	模态
G74		左旋攻螺纹循环	模态
G76		精镗循环	模态
G80		取消固定循环	模态
G81		钻孔循环	模态
G82		反镗孔循环	模态
G83	09	深孔钻削循环	模态
G84		攻螺纹循环	模态
G85		镗孔循环	模态
G86		镗孔循环	模态
G87		背镗循环	模态
G88		镗孔循环	模态
G89		镗孔循环	模态
G90	03	绝对值编程	模态
G91		增量值编程	模态
G92	00	设置工件坐标系	非模态

G 代码	组	功能	附注
G94	05	每分钟进给	模态
G95		每转进给	模态
G98	10	固定循环返回初始点	模态
G99		固定循环返回 R 点	模态

G 代码根据其功能分为若干个组。如果在一个程序段中出现几个同组的 G 代码,那么最后一个指令有效。

G 代码按续效性分为模态代码和非模态代码。模态代码一经指定,直到同组 G 代码出现为止一直有效,非模态 G 代码仅在所在的程序段内有效。

2. 辅助功能(M 代码)

辅助功能(M 代码)用于指令数控机床辅助装置的接通和断开,如主轴转/停、切削液开/关、卡盘夹紧/松开、刀具更换等动作。常用的 M 代码功能见表 1-6。

表 1-6　常用的 M 代码功能

代码	功能	说明
M00	程序暂停	当执行有 M00 指令的程序段后,主轴旋转、进给切削液都将停止,重新按下(循环启动)键,继续执行后面程序段
M01	程序选择停止	功能与 M00 相同,但只有在机床操作面板上的"选择停止"键处于"ON"状态时,M01 才执行,否则跳过才执行
M02	程序结束	放在程序的最后一段,执行该指令后,主轴停、切削液关、自动运行停,机床处于复位状态
M03	主轴正转	用于主轴顺时针方向转动
M04	主轴反转	用于主轴逆时针方向转动
M05	主轴停止	用于主轴停止转动
M06	换刀	用于加工中心的自动换刀
M07	切削液开	第一切削液开
M08	切削液开	第二切削液开
M09	切削液关	用于切削液关
M30	程序结束	放在程序的最后一段,除了执行 M02 的内容外,还返回到程序的第一段,准备下一个工件的加工
M98	调用子程序	用于子程序
M99	子程序结束	用于子程序结束并返回主程序

三、小数点

一般的数控系统允许使用小数点输入数值,也可以不用。是否用小数点视功能字性质、格式的规定而确定。小数点一般用于距离、时间和速度等单位。

1. 距离的小数点单位是 mm 或 in。对于时间,小数点的单位是 s。如 X35.0 表示 X 为

35mm 或 35in；F1.5 表示 F1.5mm/min 或 F1.5in/min。G04 X2.0 表示暂停 2s。

2. 有与无小数点其含义不同。有小数点时输入的指令值单位为 mm 或 in，无小数点时的指令值为最小设定单位。如 G21 X1. 表示 X1mm，G21 X1 表示 X0.001mm 或 0.01mm（因参数设定而异）；G20 X1. 表示 X1in，G20 X1 表示 X0.0001in 或 0.001in（因参数设定而异）。

3. 小数点有无可混合使用。如 XA 1000 Y5.7 表示 X1mm，Y5.7mm。

4. 可以使用小数点指令的常用地址有 X、Y、Z、A、B、C、I、J、K、R、F。小数点输入不允许用于地址 P。

作业练习

一、判断题

1. 程序段格式有演变的过程，是先有文字地址格式，后发展成固定格式。（　　）

2. 程序段号根据数控系统的不同，在某些系统中可以省略。（　　）

3. G 代码可以分为模态 G 代码和非模态 G 代码，00 组的 G 代码属于模态代码。（　　）

4. 如果在同一程序段中指定了两个或两个以上属于同一组的 G 代码时只有最后的 G 代码有效。（　　）

5. 不同的数控机床可能选用不同的数控系统，但数控加工程序指令都相同的。（　　）

6. M07 属于切削液开关指令。（　　）

二、单项选择题

1. 零件加工程序的程序段由若干个（　　）组成。

A. 功能字　　　　B. 字母　　　　C. 参数　　　　D. 地址

2. 功能字有参数直接表示法和代码表示法两种，下列（　　）属于代码表示法的功能字。

A. S　　　　　　B. X　　　　　　C. M　　　　　　D. N

3. 在数控加工中，它是指位于字头的字符或字符组，用以识别其后的参数；在传递信息时，它表示其出处或目的地。"它"是指（　　）。

A. 参数　　　　B. 地址符　　　　C. 功能字　　　　D. 程序段

4. FANUC 系统，程序段号是由地址（　　）和后面的数字组成的。

A. P　　　　　　B. O　　　　　　C. M　　　　　　D. N

5. 下列正确的功能字是（　　）。

A. N8.5　　　　B. N♯1　　　　C. N-3　　　　D. N0005

6. 只在本程序段有效，以下程序段需要时必须重写的 G 代码称为（　　）。

A. 模态代码　　B. 续效代码　　C. 非模态代码　　D. 单步执行代码

7. 在同一个程序段中可以指定几个不同组的 G 代码，如果在同一个程序段中指令了两个以上的同组 G 代码时，只有（　　）G 代码有效。

A. 最前一个　　B. 最后一个　　C. 任何一个　　D. 程序段错误

8. 下列 G 指令中（　　）是非模态指令。

A. G02　　　　B. G42　　　　C. G53　　　　D. G54

9. 表示第二切削液打开的指令是( )。

A. M06   B. M07   C. M08   D. M09

10. 执行指令( ),程序停止运行,若要继续执行下面程序,需按循环启动按钮。

A. M00   B. M05   C. M09   D. M99

三、多项选择题

1. 一个完整的程序通常至少由( )组成。

A. 程序名   B. 程序内容   C. 程序注释   D. 程序结束

E. 程序段号

2. 下列程序段号的表达方式中,正确的是( )。

A. N9   B. N99   C. N999   D. N9999

E. N99999

3. 执行下列( )指令后,主轴旋转可能停止。

A. M00   B. M02   C. M04   D. M05

E. M03

模块二   数控铣床的坐标系

模块目标

- 能掌握数控铣床的机床坐标系和工件坐标系
- 能用右手法则确定坐标系中各轴方向
- 能掌握仿真软件的基本功能

任务   数控铣床坐标系

任务目标

1. 能掌握数控铣床的机床坐标系和工件坐标系
2. 能确定数控铣削工件的坐标系原点

知识要求

- 掌握机床坐标系的确定方法
- 掌握工件坐标系的确定方法

技能要求

- 能确定数控铣削工件的坐标系原点
- 能用右手法则确定坐标系中 X、Y、Z 的正负方向

任务描述

- 根据如图 1-2 所示的零件图,确定各点的坐标,完成表 1-7 内的相关内容。

任务准备

- 图纸,如图 1-2 所示。

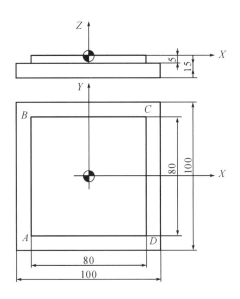

图 1-2　凸台零件图

任务实施

1. 操作准备

图纸、笔。

2. 操作步骤

(1)阅读与该任务相关的知识;

(2)根据如图 1-2 所示的零件,填写表 1-7 的内容。

表 1-7　坐标系设定任务表

序号	项目		指令格式		
1	建立工件坐标系				
2	选择编程方式计算基点坐标	绝对方式		A 点:	C 点:
				B 点:	D 点:
		增量方式		A 点:	C 点:
				B 点:	D 点:

3. 任务评价(见表 1-8)

表 1-8　任务评价

序号	评价内容	配分	得分
1	建立工件坐标系	20	
2	绝对方式指令	7	
3	增量方式指令	7	

续表

序号	评价内容		配分	得分
4	绝对方式	A 点坐标	7	
5		B 点坐标	7	
6		C 点坐标	7	
7		D 点坐标	7	
8	增量方式	A 点坐标	7	
9		B 点坐标	7	
10		C 点坐标	7	
11		D 点坐标	7	
12	职业素养		10	
合计			100	
总分				

注意事项：

1. 零件的坐标原点。

2. X、Y 坐标的正负方向。

知识链接

一、数控铣床标准坐标系

1. 标准坐标系规定原则

在数控机床上,机床的动作是由数控装置来控制的,为了确定机床上的成形运动和辅助运动,必须先确定机床上运动的方向和运动的距离,这就需要一个坐标系才能实现,这个坐标系就称为机床坐标系。

机床坐标系遵循右手笛卡尔直角坐标系原则,如图 1-3 所示,右手大拇指、食指、中指分

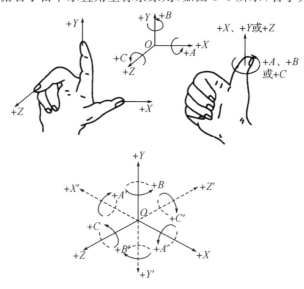

图 1-3　右手笛卡尔直角坐标系

别代表 X、Y、Z 轴,3 个坐标轴互相垂直,所指方向分别为 X、Y、Z 轴的正方向,围绕 X、Y、Z 轴的回转运动分别用 A、B、C 表示,回转方向用右手螺旋定则确定,即四指顺旋转方向握着坐标轴,大拇指与坐标轴同向为正,反向为负。

2. 刀具相对于静止工件而运动的原则

这一原则使编程人员在编程时不必考虑是刀具移向工件,还是工件移向刀具的情况下,就可以依据零件图纸,确定机床加工过程及编程。该原则规定:永远假定工件是静止的,而刀具是相对于静止的工件运动。如果在坐标轴命名时,把刀具看作相对静止不动,工件移动,那么工件移动的坐标系就是 $+X'$、$+Y'$、$+Z'$ 等。

3. 运动方向的确定

确定机床坐标轴时,一般是先确定 Z 轴,再确定 X 轴,最后确定 Y 轴。机床的某一运动部件的运动正方向规定为增大工件与刀具之间距离的方向,即刀具靠近工件表面为负方向,刀具远离工件表面为正方向。

（1）Z 轴坐标的运动

一般取产生切削力的轴线(即主轴轴线)为 Z 轴。主轴带动刀具旋转的机床有铣床、镗床、钻床等,如图 1-4 所示。

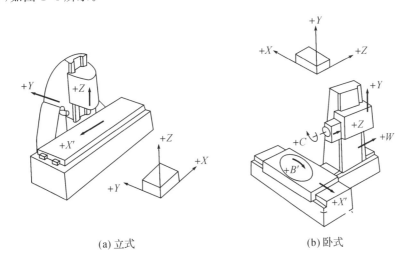

(a)立式　　　　　　　(b)卧式

图 1-4　机床坐标系

Z 坐标的正方向是增加刀具和工件之间距离的方向,如在钻镗加工中,钻入或镗入工件的方向是 Z 的负方向。

（2）X 轴坐标的运动

X 轴一般位于平行于工件装夹面的水平面内,是刀具或工件定位平面内运动的主要坐标,如图 1-3、图 1-4 所示。

对刀具做回转切削运动的机床(如铣床、镗床),当 Z 轴竖直(立式)时,人面对主轴,刀具向右移动为正 X 方向,如图 1-4(a)所示;当 Z 轴水平(卧式)时,则刀具向左移动为正 X 方向,如图 1-4(b)所示。

（3）Y 轴坐标的运动

正向 Y 坐标的运动,根据 X 和 Z 的运动,按照右手笛卡尔直角坐标系来确定。

（4）回转进给运动坐标

如图 1-3 所示，+A、+B、+C 用来表示轴线与+X、+Y、+Z 平行的旋转运动坐标，其正方向用右手螺旋定则确定。

二、数控铣床坐标系的类型

数控铣床坐标系分为两种类型：一种是机床坐标系，另一种是工件坐标系。

1. 机床坐标系

以机床原点（亦称机床零点）为坐标原点建立起来的直角坐标系称为机床坐标系。如图 1-5（a）所示的 $XYZO$。机床坐标系是机床固有的，它是制造和调整机床的基础，也是设置工件坐标系的基础，其坐标轴及方向按标准规定，其坐标原点的位置则由各机床生产厂设定，一般情况下，不允许用户随意变动。

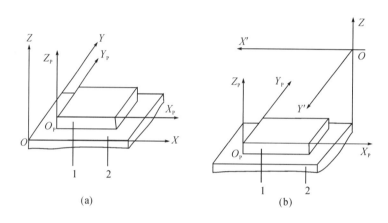

1—工件　2—工作台

图 1-5　数控铣床的两种坐标系

2. 工件坐标系

工件坐标系也称编程坐标系，专供编程用。为使编程人员在不知道是"刀具移动"还是"工件移动"的情况下，可根据图纸确定机床加工过程，规定工件坐标系是"刀具相对于工件而运动"的刀具运动坐标系，如图 1-5（b）所示的 $X_pY_pZ_pO_p$。

三、数控铣床的零点与参考点

1. 机床零点

机床零点也称为机床原点，为机床上设置的一个固定点，是机床坐标系的零点，如图 1-5（a）中"O"点。对于不同时期或不同厂家制造的数控机床，其零点也不尽相同。在数控铣床上机床零点一般取在接近 X、Y、Z 三个直线坐标正方向极限的位置。

2. 工件零点

工件零点也称工件编程原点，俗称"对刀点"，是工件坐标系的零点，如图 1-5（b）中的"O_p"点。对于操作人员来说，应在装卡工件、调试程序时，确定工件原点的位置，并在数控系统中给予设定（即给出原点设定值），这样数控机床才能按照准确的工件坐标系位置开始加工。工件零点可以随意设定，但为了编程的方便确定以下原则：

(1)工件零点应选在零件图标注的尺寸基准上;

(2)对称零件的工件零点应选在对称中心上;

(3)一般零件的工件零点应选在轮廓的基准角上;

(4)Z方向的零点,一般设在工件上表面。

3. 机床参考点

机床参考点是为设置机床坐标系的一个基准点。对于具有绝对编码器的机床来说,机床参考点是没有必要的,这是因为每一个瞬间都可以直接读出运动轴的准确坐标值。机床参考点是用于相对编码器来确定机床坐标系的,是机床坐标系的测量基准点,可由机床各轴方向的机械挡块来设定,不能随意调整。

机床坐标系的设定是通过用手动返回机床参考点的操作来完成的,只要不断电就一直保持。因此,数控机床开机时,必须先确定机床参考点。机床参考点在以下三种情况下必须设定:

(1)机床关机以后重新接通电源开关时;

(2)机床解除急停状态后;

(3)机床超程报警信号解除以后。

有的机床参考点与机床零点重合,这时返回参考点的操作也称作机床回零。机床参考点可以与机床零点重合,也可以不重合,而是通过参数指定机床参考点到机床零点的距离。机床回到了参考点位置,也就知道了该坐标轴的零点位置,找到所有坐标轴的参考点,数控铣床就建立起了机床坐标系。数控铣床的机床坐标系($XYZO$)的原点 O 一般位于机床参考点。

四、坐标系编程指令

1. 工件坐标系设定 G92

格式:G92　X_　Y_　Z_　;

其中 X、Y、Z 为当前刀位点在工件坐标系中的坐标。

G92指令通过设定刀具起点相对于要建立的工件坐标原点的位置建立坐标系。此坐标系一旦建立起来,后序的绝对值指令坐标位置都是此工件坐标系中的坐标值。

例如:G92 X20 Y10 Z10,其确立的加工原点在距离刀具起始点 $X=20$,$Y=10$,$Z=10$ 的位置上,如图1-6所示。

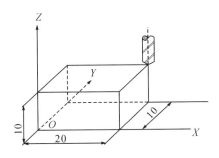

图1-6　G92工件坐标系设定

2. 绝对值编程与增量值编程

编程时作为指令轴移动量的方法,有绝对值指令和增量值指令两种方法,根据需要可选择使用。绝对值指令用 G90,增量值指令用 G91。这是一对模态指令,在同一程序段内只能用一种,不能混用。

(1)格式:G90　G00/G01　X __　Y __　Z __;

G91　G00/G01　X __　Y __　Z __;

其中:X、Y、Z 为终点坐标值。

(2)说明:

1)G90 指令终点的坐标值都是以工件坐标系坐标原点(程序零点)为基准来计算。

2)G91 指令终点的坐标值都是以始点为基准来计算,再根据终点相对于始点的方向判断正负,与坐标轴同向取正,反向取负。

例:如图 1-7 所示,刀具由原点按顺序向 1、2、3 点移动时,用 G90、G91 指令编程。

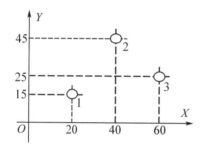

```
%0001
N1 G92 X0 Y0
N2 G90G01X20. Y15.
N3 X40 .Y45.
N4 X60. Y25.
N5 X0 Y0
N6 M30
```

```
%0002
N1G91G01X20. Y15.
N2 X20. Y30.
N3 X20. Y-20.
N4 X-60. Y-25.
N5 M30
```

图 1-7　绝对值编程与增量值编程

3. 工件坐标系选择 G54~G59(如图 1-8 所示)

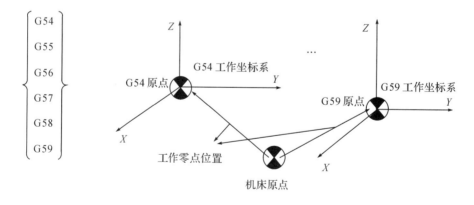

图 1-8　工件坐标系选择(G54~G59)

说明:

(1)G54~G59 是系统预置的 6 个坐标系,可根据需要选用。

(2)该指令执行后,所有坐标值指定的坐标尺寸都是选定的工件加工坐标系中的位置。

1~6 号工件加工坐标系是通过 CRT/MDI 方式设置的。

(3)G54~G59 预置建立的工件坐标原点在机床坐标系中的坐标值可用 MDI 方式输

入,系统自动记忆。

(4)使用该组指令前,必须先回参考点。

(5)G54～G59 为模态指令,可相互注销。

4. 选择机床坐标系 G53

格式:G53 X_ Y_ Z_ ;

(1)G53 指令使刀具快速定位到机床坐标系中的指定位置上,式中 X、Y、Z 后的值为机床坐标系中的坐标值。例如:

G53 X-100. Y-100. Z-20. ;

(2)G53 为非模态指令,只在当前程序段有效。

5. 局部坐标系设定 G52

格式:G52 X_ Y_ Z_ ;

其中 X、Y、Z 后的值为局部原点相对工件原点的坐标值。

几个坐标系指令应用举例如图 1-9 所示(按 A-B-C-D 行走路线)。

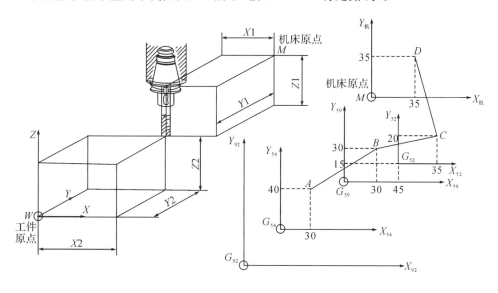

图 1-9 坐标系指令应用

编程如下:

N01 G54 G00 G90 X30. Y40. ;	快速移到 G54 中的 A 点
N02 G59 ;	将 G59 置为当前工件坐标系
N03 G00 X30. Y30. ;	移到 G59 中的 B 点
N04 G52 X45. Y15. ;	在当前工件坐标系 G59 中建立局部坐标系 G52
N05 G00 G90 X35. Y20. ;	移到 G52 中的 C 点
N06 G53 X35. Y35. ;	移到 G53(机械坐标系)中的 D 点

……

6. 参考点指令 G28、G29

(1)返回参考点 G28

格式:G28 X_Y_Z_;

执行 G28 指令,使各轴快速移动到设定的坐标值为 X、Y、Z 中间点位置,返回到参考点定位。指令轴的中间点坐标值,可用绝对值指令或增量值指令。如图 1-10 所示的 G28 程序段如下:

绝对方式:G90G28X350.Y20.;

增量方式:G91G28X250.Y50;

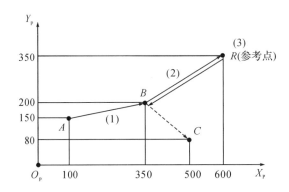

图 1-10　返回参考点

G28 程序段的动作顺序如下:

1)快速从当前位置定位到指令轴的中间点位置(A 点→B 点)。

2)快速从中间点定位到参考点(B 点→R 点)。

3)若机床为非锁住状态,返回参考点完毕时,回零指示灯亮。

G28 指令一般在自动换刀时使用。所以使用这个指令时,原则上要取消刀具半径补偿和刀具长度补偿。

(2)从参考点返回 G29

格式:G29 X_Y_Z_;

执行 G29 指令,首先使各轴快速移动到 G28 所设定的中间点位置,然后再移动到 G29 所设定的坐标值为 X、Y、Z 的返回点位置上定位。增量指令时,其值为中间点增量值的返回。如图 1-10 所示,在执行 G29 前,轴从 R 点移到 C 点,程序段如下:

绝对方式:G90G29X500.Y80.;参考点 R→B→C

增量方式:G91G29X150.Y-120.;参考点 R→B→C

通常 G28 和 G29 指令应配合使用,使机床换刀直接返回到加工点 C,而不必计算中间点 B 与参考点 R 之间的实际距离。

作业练习

一、判断题

1. 在直角坐标系中与主轴轴线平行或重合的轴一定是 Z 轴。(　　　)

2. 绕 Z 轴旋转的回转运动坐标轴是 K 轴。(　　　)

3. 数控编程时应遵循工件相对于静止的刀具而运动的原则。(　　　)

4. 程序段 G92 X0 Y0 Z100.0 的作用是使刀具快速移动到程序段指定的位置而达到设定工件坐标系的目的。(　　　)

5. G53～G59 指令是工件坐标系选择指令。（　　　）

二、单项选择题

1. 数控机床的标准坐标系是以（　　　）来确定的。

A. 右手笛卡尔直角坐标系　　　　　　B. 绝对坐标系

C. 相对坐标系　　　　　　　　　　　D. 极坐标系

2. 在直角坐标系中，A、B、C 轴与 X、Y、Z 的坐标轴线的关系是前者分别（　　　）。

A. 绕 X、Y、Z 的轴线转动　　　　B. 与 X、Y、Z 的轴线平行

C. 与 X、Y、Z 的轴线垂直　　　　D. 与 X、Y、Z 是同一轴，只是增量表示

3. 下列关于数控编程时假定机床运动的叙述，正确的是（　　　）。

A. 假定刀具相对于工件作切削主运动

B. 假定工件相对于刀具作切削主运动

C. 假定刀具相对于工件作进给运动

D. 假定工件相对于刀具作进给运动

4. 下面（　　　）代码与工件坐标系有关。

A. G94　　　　　　B. G40　　　　　　C. G53　　　　　　D. G57

5. G57 指令与下列的（　　　）指令不是同一组的。

A. G56　　　　　　B. G55　　　　　　C. G54　　　　　　D. G53

6. 下列（　　　）指令不能设立工件坐标系。

A. G54　　　　　　B. G92　　　　　　C. G55　　　　　　D. G91

7. 程序段 G92 X0 Y0 Z100.0 的作用是（　　　）。

A. 刀具快速移动到机床坐标系的点（0，0，100）

B. 刀具快速移动到工件坐标系的点（0，0，100）

C. 将刀具当前点作为机床坐标系的点（0，0，100）

D. 将刀具当前点作为工件坐标系的点（0，0，100）

8. 在 G54 中设置的数值是（　　　）。

A. 工件坐标系原点相对于机床坐标系原点的偏移量

B. 刀具的长度偏差值

C. 工件坐标系的原点

D. 机床坐标系的原点

9. 下列关于 G54 与 G92 指令，叙述不正确的是（　　　）。

A. G92 通过程序来设定工件坐标系

B. G54 通过 MDI 设定工件坐标系

C. G92 设定的工件坐标系与刀具当前位置无关

D. G54 设定的工件坐标系与刀具当前位置无关

10. 通过当前的刀位点来设定工件坐标系的原点，不产生机床运动的指令是（　　　）。

A. G54　　　　　　B. G53　　　　　　C. G55　　　　　　D. G92

11. 数控机床上有一个机械原点，该点到机床坐标零点在进给坐标轴方向上的距离在机床出厂时设定，该点称为（　　　）。

A. 刀架参考点　　　B. 工件零点　　　C. 机床零点　　　D. 机床参考点

12. 数控机床上有一个机械原点,该点到机床坐标零点在进给坐标轴方向上的距离可以在机床出厂时设定,该点称( )。

A. 换刀点　　　　B. 工件坐标原点　　C. 机床坐标原点　　D. 机床参考点

三、多项选择题

1. 绕 X、Y、Z 轴旋转的回转运动坐标轴是( )。

A. A 轴　　　　B. B 轴　　　　C. C 轴　　　　D. D 轴　　　　E. E 轴

2. 下列有关参考点描述的选项中,正确的是( )。

A. 任何机床开机后,都要执行返回参考点操作

B. 绝对测量系统的数控车床,开机后可以不返回参考点

C. 可以通过手动操作完成返回参考点

D. 可以通过程序指令完成返回参考点

E. 参考点的精确位置是由挡块和行程开关决定的

3. 数控机床设定工件坐标系的方法有( )。

A. 用 G91 指令法　　　B. 用 G92 指令法　　　C. 用 G54～G59 指令法

D. 用 G53 指令法　　　E. 用参数自动设置法

4. G54～G59 的工件零点偏置值可以通过( )输入。

A. 外部数据　　B. G54～G59 编程　　C. MDI 面板　　　D. G54 编程

5. 当指定 G53 指令时,就清除了( )。

A. 机床坐标　　　　　　B. 机械坐标　　　　　　C. 刀具半径补偿

D. 刀具长度补偿　　　　E. 刀具位置偏置

模块三　仿真软件

模块目标

- 能理解仿真软件的作用
- 能掌握仿真软件的基本功能
- 能使用仿真软件输入程序
- 能对输入的程序进行图形轨迹模拟

任务　仿真软件的基本操作

任务目标

1. 掌握仿真软件的作用

2. 掌握仿真软件的基本操作功能

知识要求

- 理解仿真软件的作用
- 理解仿真软件的基本操作功能

技能要求

● 能使用仿真软件录入程序
● 能对输入的程序进行图形轨迹模拟

任务描述

输入程序并进行图形轨迹模拟。

任务准备

● 根据文件名为 O1003 的程序单,把程序输入仿真软件,并进行图形轨迹模拟,检查程序是否输入正确,并符合图纸如图 1-11 所示的图形要求。

01003；

G54G40G80G90G15；

M03 S1000；

G00 X-20. Y-20. Z5. M08；

G01 Z-3. F100；

G01 X5. Y0.；

G01 Y60.；

G03 X12. Y67. R7.；

G02 X20. Y75. R8.；

G01 X50.；

G02 X57.593 Y71.508 R100；

G01 X87.593 Y36.508；

G02 X90. Y30. R10.；

G01 Y10.；

G01 X-10.；

G01 X-20. Y-20.；

G00 Z5.；

G00 X70. Y-20.；

G01 Z-2.F100；

G01 X60. Y0；

G01 X55. Y10.；

G02 X50. Y15. R5.；

G02 X53.333 Y25.093 R10.；

G03 X26.667 R-20.；

G02 X30. Y15. R10.；

G02 X25. Y10. R5.；

G01 X20. Y0；

G00 Z5.；

G00 X40. Y33.5；

G01 Z-4. F100；

G01 X52.5 Y40.；

G03 X27.5 R12.5；

G03 X40. Y52.5 R-12.5；

G01 X34. Y40.；

G00 Z50. M09；

M05；

M30；

任务实施

1．操作准备

图纸（如图 1-11 所示）、安装有宇龙数控仿真系统的计算机。

2．加工方法

手工输入程序,根据已给的操作步骤,能熟练操作程序的输入及仿真轨迹模拟功能。

3．操作步骤

（1）机床回零

释放紧停按钮 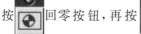,按 键,机床 指示灯亮。

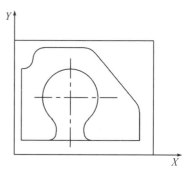

图 1-11 图纸

按 回零按钮,再按 或 、 ,选择 ,一次完成各轴回零操作, 、

 回零指示灯亮,机械坐标位于零位,如图 1-12 所示。

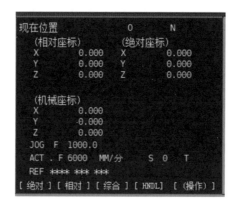

图 1-12 回零界面

（2）程序输入

按 进入程序编辑方式,按**PROG**键,进行程序建立、修改和删除。

1)建立一个新的程序:输入程序名"O1003",按**INSERT**键,按**EOB/E**键,按**INSERT**键,输入程序段"G54G40G80G90G15;"按**INSERT**键,直到整个程序输入完成;

2)删除一个程序:输入程序名"O1003",按**DELETE**键;

3)调取一个程序(可以事先建立多个不重名的程序):输入程序名"O1003",按**↓**键;

4)利用**CAN**、**INSERT**、**ALTER**、**DELETE**、**PAGE**、**↑**、**↓**、**←**、**→**键对程序进行编辑操作。

(3)图形轨迹模拟

按**◇**键进入程序编辑方式,按**PROG**键,按键**RESET**,保证程序从顶部开始运行,再按自动方式**→**,按**CUSTOM GRAPH**左侧机床消失,进入图形显示页面,按循环启动键**□**,显示程序轨迹,操作"视图"工具条,切换视图平面,查看图形轨迹,如图1-13所示。

图1-13　图形轨迹模拟

4. 任务评价(见表1-9)

表1-9　任务评价

序号	评价内容	配分	得分
1	回零操作	10	
2	建立一个新的程序	9	
3	删除一个程序	8	

续表

序号	评价内容		配分	得分
4		CAN	6	
5		INSERT	6	
6		ALTER	6	
7	编辑操作	DELETE	6	
8		↑PAGE ↓PAGE	6	
9		↑ ← ↓ →	6	
10	程序输入		12	
11	图形轨迹模拟		15	
12	职业素养		10	
合计			100	
总分				

注意事项：

1. 在进入 FANUC-0i 系统后需释放紧急停止按钮和开启启动按钮，否则不能进行任何操作。

2. 程序输入时可以在数控仿真系统中直接输入，也可以在计算机的记事本中输入后再传输到数控仿真系统中。

3. 程序输入时用插入键 INSERT，机床参数输入时用输入键 INPUT。

4. 新建一个程序时，程序名与 EOB/E 必须分两次输入。

知识链接

一、数控仿真系统

数控加工仿真系统是基于虚拟现实的仿真软件。20 世纪 90 年代初源自美国的虚拟现实技术是一种富有价值的工具，可以提升传统产业层次，挖掘潜力。虚拟现实技术在改造传统产业上的价值体现于：将虚拟现实技术用于产品设计与制造，可以降低成本，避免新产品开发的风险；将虚拟现实技术用于产品演示，可借多媒体效果吸引客户、争取订单；将虚拟现实技术用于操作培训，可用"虚拟设备"来增加员工的操作熟练程度。虚拟现实技术的不是在于不能检测工艺系统的刚性。

　　宇龙数控仿真系统可以实现对数控加工全过程的仿真,其中包括毛坯定义,夹具和刀具定义与选用,零件基准测量和设置,数控程序输入、编辑和调试,加工仿真以及各种错误检测功能,但没有自动编程功能。通过仿真运行可保证实际零件的加工精度。

二、数控铣床仿真系统面板操作

1.进入数控加工仿真系统

　　单击 Windows"开始",从"程序"下拉菜单中找到"数控加工仿真系统",如图 1-14 所示。

图 1-14　数控加工仿真系统下拉菜单

　　单击"数控加工仿真系统"屏幕上会显示如图 1-15 所示的界面,可以选择"快速登录"进入该系统。

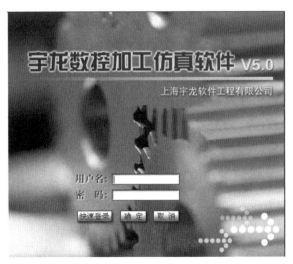

图 1-15　数控加工仿真系统登录菜单

单击主菜单上的"机床"后再点击下拉菜单"选择机床",根据需要这里我们选择 FANUC 系统的 0i 系列,如图 1-16 和图 1-17 所示。选择"铣床",点击 确定 后,进入图 1-18 所示的界面。

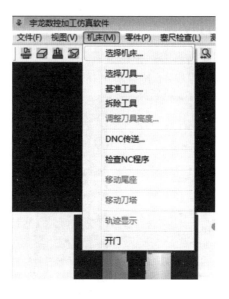

图 1-16　选择机床

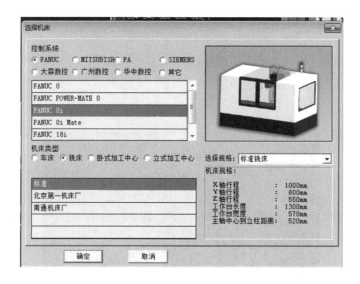

图 1-17　选择控制系统

2. CRT/MDI 操作面板

在视图下拉菜单或者工具条菜单中选择"控制面板切换"后,数控系统操作键盘会出现在视窗的右上角,其左侧为数控系统显示屏,右侧为数控系统的手动数据输入面板,即 MDI 面板,如图 1-19 所示,用操作键盘结合显示屏可以进行数控系统操作。

在 FANUC-0i 系统中程序的输入和编辑可以通过系统的手动数据输入面板(MDI 面

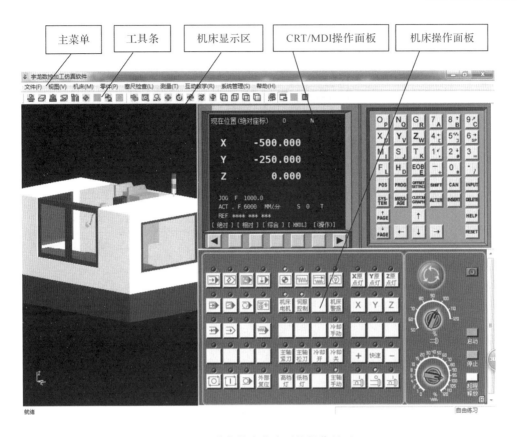

图 1-18 数控铣床仿真系统操作界面

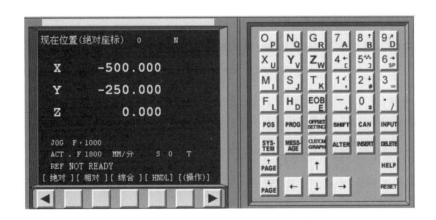

图 1-19 数控系统操作键盘和显示屏

板)进行。图 1-20 所示是 FANUC-0i 系统中 MDI 面板之一。

(1)功能键

1) **POS** 键显示现在机床的位置。

2) **PROG** 键在 EDIT 方式下,用于编辑、显示存储器里的程序;在 MDI 方式下,用于输入、

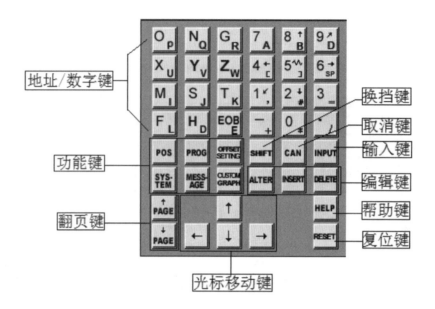

图 1-20　MDI 面板

显示 MDI 数据;在机床自动操作时,用于显示程序指令值。

3) OFFSET SETTING 键用于设定、显示补偿值、宏程序变量和用户参数的设定等。

4) SYSTEM 键用于参数的设定、显示及自诊断数据的显示(仿真软件中目前还没有此功能)。

5) MESSAGE 键用于报警信息的显示(仿真软件中目前还没有此功能)。

6) CUSTOM GRAPH 键用于用户宏画面(仿真软件中目前还没有此功能)和图形的显示。

(2)地址/数字键/用于输入数据到输入域,系统自动判别取字母还是取数字。每次输入的字符都显示在 CRT 屏幕上。其中,结束程序段 EOB E 键输入并且换行。

(3)编辑键

1) ALTER 键用于字符替换,用输入的数据替代光标所在的数据。

2) INSERT 键用于程序插入,把输入域中的数据插入到光标之后的位置。

3) DELETE 键用于删除,可删除一个字符或程序。

(4)复位键 RESET 用于机床复位,同时也用以清除报警。

(5) INPUT 键用于输入参数或补偿值等,也可以在 MDI 方式下输入命令数据。

(6) CAN 键用于取消已输入到缓冲器里的最后一个字符或符号。

(7) SHIFT 键用于选择一个键上有两个字符中的一个字符。

（8）**HELP** 键用于显示如何操作机床和 CNC 报警时提供报警的详细信息。

（9）**PAGE** 键用于屏幕换页。

程序不仅可以在仿真软件的面板上进行输入，也可以在计算机的记事本与数控仿真系统间相互传送。

（1）程序输出

在 程序编辑状态，按 **PROG**，按 **[（操作）]** 软体键，按 **▶** 切换软体菜单，直到 **[PUNCH]** 出现，按 **[PUNCH]** 软体键，输入程序名，按 **保存** ，则程序输出，存入所需要的文件夹即可。

（2）程序输入

在 程序编辑状态，按 **PROG**，按 **[（操作）]** 软体键，按 **▶** 切换软体菜单，直到 **[READ]** 出现，按 **[F检索]** 软体键，选择文件按 **打开(O)** ，按 **[READ]** 软体键，输入程序名如"O0001"，按 **[EXEC]** 软体键，程序立即出现在机床界面上。

3. 机床操作面板

机床操作面板位于窗口的右下侧，如图 1-21 所示。机床操作面板主要用于控制机床的运动和选择机床运行状态，由方式选择旋钮、数控程序运行控制开关等多个部分组成。

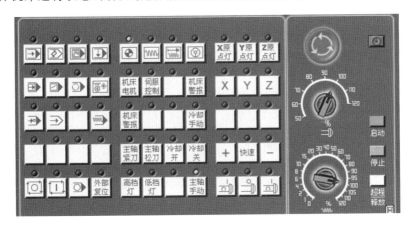

图 1-21 机床操作面板

（1）方式选择按钮 ：位于机床操作面板上方。

1) ：自动运行，系统进入自动加工模式。

2) ：编辑，系统进入程序编辑程序状态。

3) ⊞ :MDI,系统进入 MDI 模式,手动输入数据。

4) ⊞ :远程执行,系统进入远程执行模式,即 DNC 模式,输入域输出信息。

5) ⊞ :回原点,机床处于回零模式。

6) ⊞ :手动方式,手动连续移动台面或者刀具。

7) ⊞ ⊞ :手动脉冲方式,⊞ 手动脉冲移动台面或刀具,⊞ 手轮控制移动台面或刀具。

(2)数控程序运行控制开关 ⊞ ⊞

1) ⊞ :循环启动,按 ⊞ 按钮,进入自动加工模式或按 ⊞ 按钮,运行手动输入程序时有效。

2) ⊞ :进给保持,在程序运行过程中,按下此按钮程序运行暂停。再按 ⊞ 恢复运行。

(3) ⊞ ⊞ ⊞ :机床主轴手动控制开关,用于控制主轴的转动和停止。

1) ⊞ ⊞ :手动正向或反向开机床主轴。

2) ⊞ :手动关机床主轴。

(4)手动移动机床工作台按钮 ⊞ 快速 ⊞ 。

1) ⊞ :正方向移动按钮。

2) ⊞ :负方向移动按钮。

3) 快速 :与 ⊞ ⊞ 和轴选择按钮配合使用可快速移动机床工作台。

(5)手动移动工作台轴选择按钮 X Y Z :使工作台在相应的方向上移动。

(6)单步执行开关 ⊞ :按下按钮,上面的指示灯亮,一次执行一个程序段。

(7)跳选开关 ⊞ :按下按钮,上面的指示灯亮,程序中符号"/"有效,不执行该程序段。

(8)选择性停止 ⊞ :按下按钮,上面的指示灯亮,M01 代码有效。

(9)急停按钮 ⊞ :按下按钮,机床处于紧急停止状态。

(10)显示手轮按钮 ⊞ :单击该按钮,显示手轮及相关的旋转按钮 ⊞ 。再单击 ⊞ ,可隐藏手轮。

手轮操作必须单击操作面板上的"手动脉冲"按钮 ⊞ 或 ⊞ ,使指示灯 ⊞ 变亮。

1）单步给量控制旋钮 ：选择手动移动台面时每一步的距离×1为0.001 mm，

×10为0.01 mm，×100为0.1 mm。置光标于旋钮上，单击左键，旋钮逆时针转动；单击右

键，旋钮顺时针转动。

2）轴选择旋钮 ：置光标于旋钮上，单击左键或右键，选择坐标轴。

3）手轮 ：光标对准手轮，单击左键或右键，精确控制机床的正负移动，单击右键，手

轮顺时针转，机床往正方向移动；单击左键，手轮逆时针转，机床往负方向移动。

（11）进给速度（F）调节旋钮 ：调节数控程序运行中的进给速度（调节范围为0～

120％）和手动方式 下移动台面的速度（调节范围为0～2000 mm/min）。置光标于旋钮

上，单击左键，旋钮逆时针转动；单击右键，旋钮顺时针转动。

作业练习

一、判断题

1. 数控仿真操作中程序的输入编辑必须在回零操作之后。（   ）

2. 数控加工仿真系统是基于虚拟现实的仿真软件。（   ）

二、选择题

1. 以下没有自动编程功能的软件是（   ）。

A. 宇龙数控加工仿真软件 　　　　B. UG软件

C. MASTERCAM软件 　　　　D. SOLIDWORKS软件

2. 下列（   ）操作属于数控程序编辑操作。

A. 文件导入 　　　　B. 搜索查找一个程序

C. 搜索查找一个字符 　　　　D. 执行一个程序

3. 下列（   ）操作属于数控程序编辑操作。

A. 删除一个字符 　　　　B. 删除一个程序

C. 删除一个文件 　　　　D. 导入一个程序

4. 程序管理包括：程序搜索、选择一个程序、（   ）和新建一个程序。

A. 执行一个程序 　　　　B. 调试一个程序

C. 删除一个程序 　　　　D. 修改程序切削参数

项目二　平面铣削编程与调试

项目导学

❖ 能编制平面零件的铣削程序；

❖ 能掌握平面切削时刀具的轨迹；

❖ 能掌握铣刀的对刀点；

❖ 能了解子程序与主程序的区别；

❖ 能用子程序编制台阶面的铣削程序；

❖ 能用仿真软件模拟台阶面的加工。

模块一　平面铣削程序编制

模块目标

● 能用常用指令编制平面铣削程序

● 掌握平面铣削刀具的轨迹及切削方式

● 掌握铣刀的对刀点的选择

学习导入

平面是机械零件中最基本的特征元素，在各种零件中平面的几何精度、尺寸精度和表面粗糙度都有不同的要求。

任务一　平面铣削指令

任务目标

1. 掌握常用平面指令的格式

2. 能编制平面加工程序

知识要求

● 掌握常用平面指令的格式

● 掌握指令的使用方法

技能要求

● 能编制平面加工程序

任务描述

● 毛坯为 100mm×80mm×32mm 长方块,材料为 45 钢,单件生产,选用一把直径为 ϕ125mm 端面铣刀,完成平面铣削加工程序的编制,并对各程序段加以说明。

任务准备

● 平面铣削图纸,如图 2-1 所示。

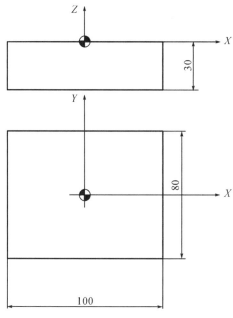

图 2-1 平面铣削

任务实施

1. 操作准备

笔、作业本、安装有宇龙数控仿真系统的计算机。

2. 加工方法

手工编程。

3. 操作步骤

(1)阅读与该任务相关的知识;

(2)分析图纸,确定刀具进给路线如图 2-2 所示;

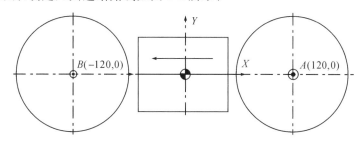

图 2-2 铣削平面式的刀具进给路线

（3）程序编制，并对各程序段加以说明。

4. 任务评价（见表 2-1）

表 2-1　任务评价

序号	评价内容	配分	得分
1	工件坐标系的设定	10	
2	程序格式	35	
3	切削用量的合理使用	10	
4	各程序段的说明	35	
5	职业素养	10	
合计		100	
总分			

注意事项：

1. G00 的进给速度可以由系统参数确定，不用程序指定。

2. 刀具不在工件表面上时可以增大进给速度，但刀具在工件表面上，哪怕在零平面上，进给速度也要减小，避免加工时因对刀误差造成撞刀事故。

知识链接

一、平面选择（G17、G18、G19）

坐标平面选择指令用于选择圆弧插补平面和刀具半径补偿平面，如图 2-3 所示。

G17：选择 XY 平面，刀具长度补偿值为 Z 平面。

G18：选择 XZ 平面，刀具长度补偿值为 Y 平面。

G19：选择 YZ 平面，刀具长度补偿值为 X 平面。

移动指令与平面选择无关，如 G17 Z＿＿，Z 轴不在 XY 平面上，但这条指令可使机床在 Z 轴方向上产生移动。改组指令为模态指令，在数控铣床上，数控系统初始状态一般默认为 G17 状态。若要在其他平面上加工则应使用坐标平面选择指令。

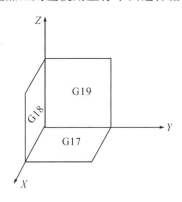

图 2-3　坐标平面选择

二、快速定位(G00)

1. 格式：G00　X＿＿　Y＿＿　Z＿＿；

其中：X、Y、Z 为快速目标点坐标值。

快速定位 G00 指令为刀具相对于工件分别以各轴快速移动速度由始点快速移动到终点定位。G00 是基本运动，不是数控铣床的插补指令。

2. 说明：G00 运动速度及轨迹由数控系统决定。运动轨迹在一个坐标平面内是先按比例沿 45°斜线移动，再移动剩下的一个坐标方向上的直线距离。如果是要求移动一个空间距离，则先同时移动三个坐标，即空间位置的移动一般是先走一段空间的直线，再走一条平面斜线，最后沿剩下的一个坐标方向移动到达终点。可见，G00 指令的运动轨迹一般不是一条直线，而是两条或三条直线段的组合。忽略这一点，就容易发生碰撞，这是相当危险的。

如图 2-4 所示，刀具从 A 点到 C 点快速定位，程序如下：

G90 G00 X45. Y25.；

或

G91 G00 X35. Y20.；

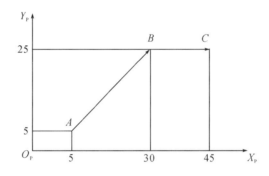

图 2-4　快速定位 G00

三、直线插补(G01)

1. 格式：G01　X＿＿　Y＿＿　Z＿＿　F＿＿；

其中：X、Y、Z 为直线插补终点坐标值；F 为进给速度。

2. 说明：刀具沿 X、Y、Z 方向执行单轴移动，或在各坐标平面内执行任意斜率的直线移动，也可执行三轴联动，刀具沿指定空间直线移动。F 代码是进给速度指令代码，在没有新的 F 指令以前一直有效，不必在每个程序段中都写入 F 指令。

3. 进给速度

进给速度 F 是数控机床切削用量中的重要参数，主要根据零件的加工精度和表面粗糙度要求以及刀具、工件的材料性质选取。最大进给速度受机床刚度和进给系统的性能限制。斜线进给速度是斜线上各轴进给速度的矢量和，圆弧进给速度是圆弧上各点的切线方向。

在轮廓加工中，由于速度惯性或工艺系统变形在拐角处会造成"超程"或"欠程"现象，即在拐角前其中一个坐标轴的进给速度要减小而产生"欠程"，而另一坐标轴要加速，则在拐角后产生超程。因此，轮廓加工中，在接近拐角处应适当降低进给量，以避免发生"超程"或"欠程"现象。有的数控机床具有自动处理拐角处的"超程"或"欠程"的功能。

4．编程举例

如图 2-5 所示为编制直线程序段。

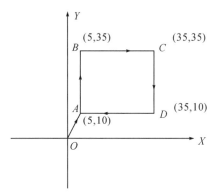

图 2-5 编制直线程序

O2002；

G17 G90；　　　　　（初始化）

G54 G00 X0 Y0；　　（设定工件坐标系）

M03 S1000；　　　　（主轴正转）

G00 Z100.；　　　　（刀具下刀）

G00 Z5.；　　　　　（下刀 R 点）

G01 Z-5. F100；　　（下刀切削深度）

G01 X5. Y10.；　　　（原点→A 点）

G01 X5. Y35.；　　　（A 点→B 点）

G01 X35. Y35.；　　（B 点→C 点）

G01 X35. Y10.；　　（C 点→D 点）

G01 X5. Y10.；　　　（D 点→A 点）

G00 X0 Y0；　　　　（快速回到原点）

G00 Z100.；　　　　（快速抬刀）

M05；　　　　　　　（主轴停止）

M30；　　　　　　　（程序结束）

四、英制输入与米制输入（G20、G21）

G20 和 G21 是两个互相取代的 G 代码，机床出厂时一般设定为 G21 状态，车床的各项参数以米制单位设定，所以车床一般适用于米制尺寸零件的加工。如果一个程序开始用 G20 指令，则表示程序中相关的一些数据均为英制（单位为 in）；如果程序用 G21 指令，则表示程序中的数据是米制（单位为 mm）。在一个程序内，不能同时使用 G20 与 G21 指令，且必须在坐标系确定之前指定。G20 或 G21 指令断电前后一致，即停机前使用的 G20 或 G21 指令，在下次开机时仍有效，除非重新设定。

作业练习

一、判断题

1．数控系统的脉冲当量越小，数控轨迹插补越精细。（　　　）

2. 在数控插补中的两轴分别以 F 指令值作为进给速度(或进给率)。(　　)

3. 直线插补程序段中或直线插补程序段前必须指定进给速度。(　　)

4. 编制数控加工程序时一般以机床坐标系作为编程的坐标系。(　　)

二、单项选择题

1. G00 指令的快速移动速度是由机床(　　)确定的。

A. 参数　　　　　　B. 数控程序　　　　C. 伺服电机　　　　D. 传动系统

2. 切削速度选择 100m/min,刀具直径为 10mm,刀刃齿数为 4,进给速度为 510mm/min,则每齿进给量约为(　　)mm/z。

A. 0.05　　　　　　B. 0.04　　　　　　C. 0.03　　　　　　D. 0.02

三、多项选择题

1. 数控机床的进给速度的单位有(　　)。

A. mm/r　　　　　　　　B. mm/min　　　　　　　　C. m/r

D. m/min　　　　　　　　E. r/min

2. 数控机床的每分钟进给速度为(　　)的乘积。

A. 主轴每分钟转速　　　B. 刀具每齿进给量　　　C. 刀刃齿数

D. 刀具直径　　　　　　E. 刀具长度

3. 直线插补的进给速度单位可以是(　　)。

A. mm/min　　　　　　　B. m/min　　　　　　　C. r/min

D. mm/r　　　　　　　　E. m/r

任务二　平面铣削刀具轨迹

任务目标

1. 掌握平面铣削的加工方法

2. 掌握顺铣和逆铣的区别及应用

3. 能用双向多次铣削的方式编制平面铣削程序

知识要求

● 掌握平面铣削方式

● 掌握平面铣削的进刀方式及轨迹

技能要求

● 能用双向多次铣削的方式编制平面铣削程序

任务描述

● 毛坯为 100mm×80mm×32mm 长方块,材料为 45 钢,单件生产,选用一把直径为 φ20mm 的立铣刀,并用增量方式完成平面铣削加工程序的编制,并对各程序段加以说明。

任务准备

● 平面铣削图纸,如图 2-6 所示。

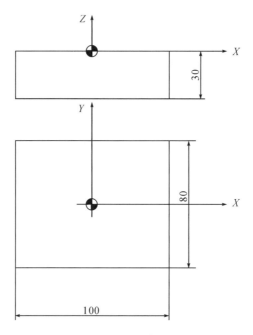

图 2-6 平面铣削

任务实施

1. 操作准备

笔、作业本、安装有宇龙数控仿真系统的计算机。

2. 加工方法

手工编程。

3. 操作步骤

(1)阅读与该任务相关的知识;

(2)分析图纸,在图 2-7 上绘制出刀具轨迹路线;

(3)编制程序填入表 2-2 的程序单中,并对各程序段加以说明。

表 2-2 程序单

程序	说明

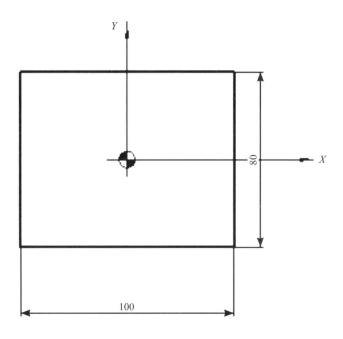

图 2-7　绘制刀具轨迹路线

4. 任务评价（见表 2-3）

表 2-3　任务评价

序号	评价内容	配分	得分
1	刀具轨迹路线	15	
2	工件坐标系的设定	10	
3	程序格式	35	
4	切削用量的合理使用	10	
5	各程序段的说明	20	
6	职业素养	10	
合计		100	
总分			

注意事项：

采用增量方式与绝对方式编程时，要注意相互的转换。

知识链接

一、平面铣削的加工方法

平面铣削的加工方法主要有周铣和端铣两种，如图 2-8 所示。

二、平面铣削的进刀方式

1. 大平面铣削的参数，如图 2-9 所示。

2. 一刀式铣削，如图 2-10 所示。

3. 双向多次铣削，如图 2-11 所示。

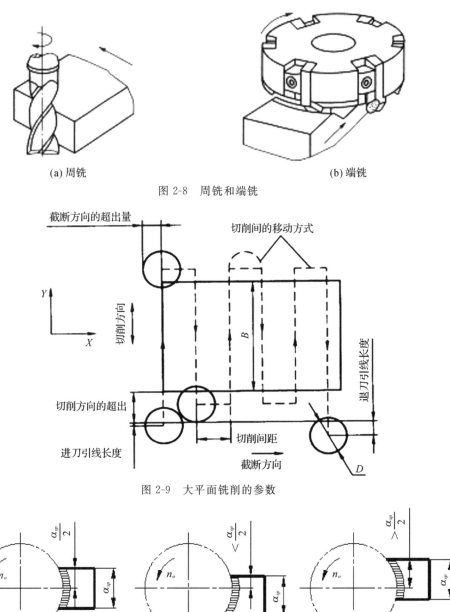

(a) 周铣   (b) 端铣

图 2-8   周铣和端铣

图 2-9   大平面铣削的参数

(a) 对称铣   (b) 不对称逆铣   (c) 不对称顺铣

图 2-10   一刀式铣削

三、顺铣和逆铣

    用圆柱铣刀铣削时,铣削方式可分为顺铣和逆铣。铣刀的旋转方向与工件进给方向相同时的铣削叫顺铣;铣刀的旋转方向与工件进给方向相反时的铣削叫逆铣,如图 2-12 所示。顺铣适用于精加工,逆铣适用于粗加工。

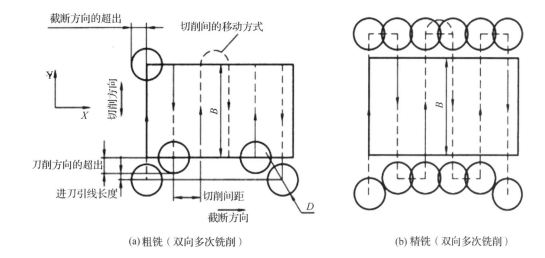

(a)粗铣（双向多次铣削）　　　　　　　　(b)精铣（双向多次铣削）

图 2-11　双向多次铣削

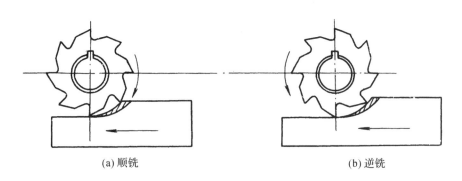

(a) 顺铣　　　　　　　　　　　　　　(b) 逆铣

图 2-12　顺铣和逆铣

1. 逆铣的特点

(1)逆铣在切削过程中,切屑由薄变厚,刀具在工件表面滑动。由于摩擦产生大量热量,工件表面易形成硬化层,从而降低了刀具的耐用度,影响工件表面粗糙度,给切削带来不利。

(2)逆铣时,铣刀切削力与工件进给方向相反,当刀齿对工件的作用力较大,丝杠与螺母之间有间隙时,会影响工件的加工质量,严重时会损坏刀具。

(3)如果零件毛坯为黑色金属的锻件或铸件,表皮硬且加工余量较大时,采用逆铣加工方法较为合理。

2. 顺铣的特点

(1)顺铣在切削过程中,切屑由厚变薄,刀具从表面硬质层切入,虽然铣刀变钝较快,但没有滑移现象,功率消耗也比逆铣小,更加有利于排屑。

(2)顺铣时,铣削力与工件进给方向一致,滚珠丝杠与螺母始终保持紧密贴合,不会产生让刀现象。

(3)数控机床传动采用滚珠丝杠结构,滚珠丝杠与螺母之间间隙小,所以,顺铣的工艺性优于逆铣。

(4)铣削加工铝镁合金、钛合金和耐热合金等材料时,尽量采用顺铣加工。

为了降低表面粗糙度值,提高刀具耐用度,铣削方式的选择应该视零件的加工要求、工件的材料,以及机床与刀具等条件综合考虑。

作业练习

一、判断题

1. 辅助指令(即 M 功能)与数控装置的插补运算无关。(　　　)

2. 数控机床编程有绝对值编程和增量值编程之分,具体用法由图纸给定而不能互相转换。(　　　)

3. 忽略机床精度,插补运动的轨迹始终与理论轨迹相同。(　　　)

4. 编制数控切削加工程序时一般应选用轴向进刀。(　　　)

5. 数控机床编程有绝对值编程和增量值编程,根据需要可选择使用。(　　　)

6. F150 表示控制主轴转速,使主轴转速保持在 150r/min。(　　　)

7. FANUC 0i 系统中,G00 X100.0 Z-20.0;与 G0 z-20.0 x100.0;地址大小写、次序先后,其意义相同。(　　　)

8. 基本运动指令就是基本插补指令。(　　　)

二、单项选择题

1. 在数控铣床上铣一个正方形零件(外轮廓),如果使用的铣刀直径比原来小 1mm,则加工后的正方形边长尺寸比原来(　　　)。

A. 小 1mm　　　　B. 小 0.5mm　　　　C. 大 1mm　　　　D. 大 0.5mm

2. 数控系统所规定的最小设定单位就是数控机床的(　　　)。

A. 运动精度　　　B. 加工精度　　　C. 脉冲当量　　　D. 传动精度

任务三　数控铣刀对刀方法

任务目标

1. 能掌握对刀点的确定

2. 能用仿真软件进行模拟对刀

知识要求

● 掌握铣刀对刀的概念

● 掌握刀位点的确定

● 掌握换刀点的确定

技能要求

● 能用仿真软件进行模拟对刀

● 能用仿真软件模拟平面铣削加工

任务描述

● 用仿真软件模拟零件对刀,并按图纸要求完成平面铣削加工。

任务准备

● 根据如图 2-6 所示平面铣削的图纸及已编制的程序,选用一把直径为 $\phi8mm$ 的键槽铣刀完成零件仿真加工。

任务实施

1. 操作准备

图纸(如图 2-6 所示)、安装有宇龙数控仿真系统的计算机。

2. 加工方法

用仿真软件完成零件仿真加工。

3. 操作步骤

(1)运行仿真软件,选择铣床;

(2)机床回零;

(3)输入程序;

(4)图形轨迹模拟;

(5)工件毛坯选择与装夹;

(6)刀具安装;

(7)工件坐标系设置;

(8)模拟仿真加工;

(9)仿真检测零件。

4. 任务评价(见表 2-4)

表 2-4 任务评价表

序号	评价内容	配分	得分
1	毛坯的选择	20	
2	刀具安装	20	
3	工件坐标系的设定	30	
4	仿真加工	10	
5	零件检测	10	
6	职业素养	10	
合计		100	
总分			

注意事项:

1. 在进入 FANUC-0i 系统后需释放紧停按钮和开启启动按钮,否则不能进行任何操作。

2. 对刀完成后输入对刀数据一定要用 测量 方式,不要直接按"输入"。

知识链接

一、数控铣刀的刀位点

刀位点是指在加工程序编制中,用以表示刀具特征的点,也是对刀和加工的基准点,即在数控加工中代表刀具在坐标系中位置的理论点。

铣刀、立铣刀和端铣刀的刀位点为刀具底面与刀具轴线的交点;球头铣刀的刀位点为球心;盘(片)铣刀的刀位点为刀具对称中心平面与其圆柱面上切削刃的交点;麻花钻的刀位点为刀具轴线与横刃的交点,如图 2-13 所示。

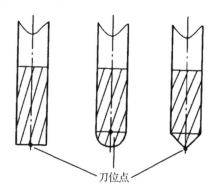

刀位点

图 2-13　一般铣刀的刀位点

二、对刀点和换刀点的确定

1. 对刀点

对于数控机床来说,在加工开始时,确定刀具与工件的相对位置是很重要的,它是通过对刀点来实现的。对刀点是指通过对刀确定刀具与工件相对位置的基准点。在程序编制时,不管实际上是刀具相对工件移动,还是工件相对刀具移动,都是把工件看作静止,而刀具在运动。对刀点往往就是零件的加工原点。它可以设在被加工零件上,也可以设在夹具上与零件定位基准有一定尺寸联系的某一位置。对刀点的选择原则如下:

(1)所选的对刀点应使程序编制简单;

(2)对刀点应选择在容易找正、便于确定零件的加工原点的位置;

(3)对刀点的位置应在加工时检查方便、可靠;

(4)有利于提高加工精度。

在使用对刀点确定加工原点时,就需要进行"对刀"。所谓"对刀"是指使"刀位点"与"对刀点"重合的操作。

2. 换刀点

数控车床,数控镗、铣床或加工中心等常需换刀,故编程时还要设置一个换刀点。换刀点应设在工件的外部,避免换刀时碰伤工件。一般换刀点选择在第一个程序的起始点或机械零点上。

对具有机床零点的数控机床,当采用绝对坐标系编程时,第一个程序段就是设定对刀点坐标值,以规定对刀点在机床坐标系中的位置;当采用增量坐标系编程时,第一个程序段则是设定对刀点到工件坐标系坐标原点(工件零点)的距离,以确定对刀点与工件坐标系间的相对位置关系。

三、对刀

对刀是数控加工中较为复杂的工艺准备之一。对刀的好与差直接影响到加工程序的编制及零件的尺寸精度。

对刀就是通过操作机床让刀具在机床上找到工件原点的位置,并在机床上记忆该位置,这样就"告诉"了机床工件坐标系在机床坐标系中的坐标。运行程序时,机床会自动找到该位置。

数控铣床常用的对刀方法有:试切对刀法、塞尺对刀法、基准工具对刀法、对刀仪对刀法等。

四、仿真软件实体加工操作界面

1.“视图”菜单(如图 2-14 所示)

图 2-14 下拉式“视图”菜单

1)复位:进行缩放、旋转和平移操作后,单击此命令可将视图恢复到原始状态。

2)动态平移和动态旋转:实现动态平移和动态旋转功能。

3)动态放缩:实现动态放缩功能。

4)局部放大:实现局部放大功能。

5)前视图:从正前方观察机床和零件。

6)俯视图:从正上方观察机床和零件。

7)左/右侧视图:从左/右边观察机床和零件。

8)控制面板切换:显示或者隐藏数控仿真系统操作面板。

9)手脉:显示或者隐藏手摇脉冲发生器。

10)选项:显示参数设置。

2.“机床”菜单(如图 2-15 所示)

1)选择机床:弹出选择机床对话框。

2)选择刀具:弹出选刀对话框。

3)基准工具:弹出选择基准工具对话框。

4)拆除工具:将刀具或基准工具拆下。

5)DNC 传送:从文件中读取数控程序,系统将弹出 Windows 打开文件标准对话框从中选择数控代码存放的文件。

6)检查 NC 程序:对数控加工程序进行语法检查。

3."零件"菜单(如图 2-16 所示)

图 2-15　下拉式"机床"菜单

图 2-16　下拉式"零件"菜单

1)定义毛坯:毛坯形状和尺寸定义。

2)安装夹具:选择夹具

3)放置零件:放置零件(包括夹具)到机床以及调整位置。

4)移动零件:调整零件位置。

5)拆除零件:从机床上拆除零件。

6)安装、移动、拆除压板:可以实现安装、拆除和移动压板的操作。

4."塞尺检查"菜单(如图 2-17 所示)

选择塞尺检查后,出现二级子菜单,可以选择和收回塞尺。

5."测量"菜单(如图 2-18 所示)

选择测量后出现二级子菜单,可对零件进行测量。

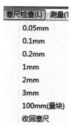

图 2-17　下拉式"塞尺检查"菜单

测量(T)　互动教学(R)

剖面图测量...

图 2-18　下拉式"测量"菜单

6. 管理、系统的设置和刀具的管理等

帮助菜单主要是该软件的安装和操作说明。

7. 工具条

位于菜单条的下方,分别对应不同的菜单栏选项,如图 2-19 所示。

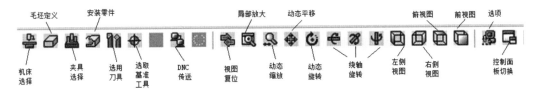

图 2-19　工具条

（1）　机床选择，对应菜单条"机床"→"选择机床"。

（2）　毛坯定义，对应菜单条"零件"→"定义毛坯"。

（3）　夹具选择，对应菜单条"零件"→"安装夹具"。

（4）　安装零件，对应菜单条"零件"→"放置零件"。

（5）　选用刀具，对应菜单条"机床"→"选择刀具"。

（6）　取基准工具，对应菜单条"机床"→"基准工具"。

（7）　DNC 传送，对应菜单条"机床"→"DNC 传送"。

（8）　视图复位，对应菜单条"视图"→"复位"。

（9）　局部放大，对应菜单条"视图"→"局部放大"。

（10）　动态缩放，对应菜单条"视图"→"动态缩放"。

（11）　动态平移，对应菜单条"视图"→"动态平移"。

（12）　动态旋转，对应菜单条"视图"→"动态旋转"。

（13）　绕 X 轴旋转，对应菜单条"视图"→"绕 X 轴旋转"。

（14）　绕 Y 轴旋转，对应菜单条"视图"→"绕 X 轴旋转"。

（15）　绕 Z 轴旋转，对应菜单条"视图"→"绕 X 轴旋转"。

（16）　左侧视图，对应菜单条"视图"→"左侧视图"。

（17）　右侧视图，对应菜单条"视图"→"右侧视图"。

（18）　俯视图，对应菜单条"视图"→"俯视图"。

（19）⬚ 前视图,对应菜单条"视图"→"前视图"。

（20）⬚ 选项,对应菜单条"视图"→"选项"。

（21）⬚ 控制面板切换,对应菜单条"视图"→"控制面板切换"。

8. 机床显示区

机床显示区是一台模拟的机床,它可以显示操作者在装夹工件、刀具选择、对刀过程、零件加工等方面的操作,利用虚拟机床可以看到真实机床加工的全过程。

五、仿真软件对刀方法

以如图 2-6 所示的图纸为例,现用一把直径为 12mm 的键槽铣刀加工平面。

1. 工件毛坯选择与装夹

按 ⬚ 键,再按 ⬚ 键取消图形,进入机床显示页面,按定义毛坯键 ⬚ 选择毛坯形状与尺寸:毛坯 1 ⬚ 长方形 长度 100mm,宽度 80mm,高度 32mm,按 **确定**。

按夹具键 ⬚,选择"毛坯 1",选择夹具"平口钳",按 ⬚ 向上 ⬚ 将零件升到最高,按 **确定**。

按安装零件键 ⬚,选中毛坯 1,按 安装零件 安装零件即 ⬚ 出现在界面上,同时出现 ⬚ 是用于调整工件位置,按 退出 即可。

2. 刀具安装

按选用刀具键 ⬚ 进入刀具选择界面,如图 2-20 所示,刀具搜索选所需刀具直径 ϕ12mm,选所需刀具类型"平底刀"后按 **确定**,出现可选刀具,选择 2 号刀具按 **确定** 即对刀具安装完成 ⬚。

3. 工件坐标系设置

（1）X 轴方向对刀。单击 ⬚ 按钮选手动方式,单击 **POS** 键,选择方向按钮 **+** **−**,选择坐标轴按钮 **X** **Y** **Z**,将刀具置于工件的左侧,如图 2-21 所示。单击菜单"塞尺检查/0.1mm",在工件与刀具之间放入塞尺,如图 2-21 下方所示。

为微量调节工件与刀具之间的相对位置,现将操作面板的方式按钮切换到手轮方式 ⬚,单击操作面板右下角的显示手轮按钮 ⬚,将轴选择旋钮选至 X 轴,通过调节倍率旋

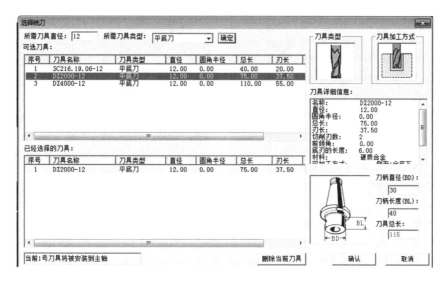

图 2-20　选择刀具表

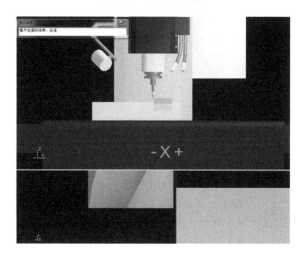

图 2-21　X 轴工件坐标系设置

钮和手轮来调整,直到提示信息对话框显示"塞尺检查的结果:合适"即可,如图 2-21 上方所示。

按 OFFSET SETTING 键选择[坐标系]移动光标至 G54,按 [(操作)] 软体键,输入刀具当前位置时工件坐标系的坐标值,即"X-56.1",这里 56.1=塞尺厚度+刀具半径+X 轴偏移量=0.1+6+50,再按 测量 软体键,按系统自动运算并输入 X 轴的 G54 坐标值,即 $X_{G54}=-556.1+56.1=-500$,如图 2-22 所示。

(2)Y 轴方向对刀。参照 X 轴对刀的方法,将刀具位于工件的前侧,单击菜单"塞尺检查/0.1mm",在工件与刀具之间放入塞尺,然后用手轮调整到"塞尺检查的结果:合适"即可。

(a) 刀具当前位置   (b)X轴工作坐标系设置界面

图 2-22   X 轴工件坐标系的自动输入

按 OFFSET/SETTING 键选择 [坐标系] 移动光标至 G54，按 [(操作)] 软体键，输入刀具当前位置时工件坐标系的坐标值，即"Y-50.1"，这里 50.1＝塞尺厚度＋刀具半径＋Y 轴偏移量＝0.1＋10＋40，再按 测量 软体键，按系统自动运算并输入 Y 轴的 G54 坐标值，即 $Y_{G54}＝－461.1＋46.1＝－415$，显示 01 X -500.000 03 (G54) Y -415.000 (G56) Z 0.000 。

(3)Z 轴工件坐标系设置。单击 按钮选手动方式，利用合适的视图将刀具移动至工件上方，选择"塞尺检查"，选用 0.1mm 塞尺，移动 Z 轴接近工件表面，直至塞尺检查的结果为"合适"，如图 2-23 所示。

按 OFFSET/SETTING 键选择 [坐标系] 移动光标至 G54，按 [(操作)] 软体键，输入"Z0.1"，按 测量 软体键，系统自动将机床坐标系中的 Z 轴坐标－300.9－0.1＝－301 输入工件坐标系 C54 的 Z 轴中，如图 2-24 所示。

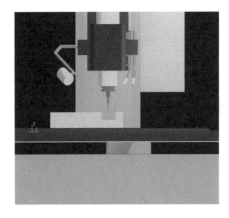

图 2-23   塞尺检测 Z 轴工件坐标系   图 2-24   G54 中 Z 轴工件坐标系输入

4. 模拟仿真加工

按 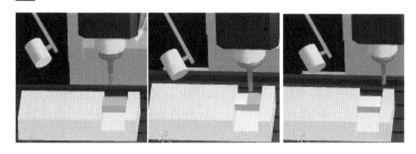 键编辑，按程序键 **PROG**，按复位键 **RESET**，使程序从开头运行，按自动方式 ⇥，按

循环启动键 ，机床模拟仿真加工零件，选择合适视图观察零件加工情况，如图 2-25 所示。

图 2-25　平面铣削零件的仿真加工工件

5. 仿真检测零件

要了解仿真模拟加工的零件是否符合零件图纸的要求，需要用该软件的仿真测量功能进行检测。单击下拉菜单条"测量"，出现二级子菜单"剖面图测量"。

选择测量平面 X-Y 或 X-Z 或 Y-Z 和步长，移动相应测量平面的 Z 或 Y 或 X 方向（以一个步长为单位），则可显示零件的所有尺寸，也可拖动鼠标拉一个窗口进行局部放大等操作。

如图 2-26 所示测量零件的高度，选择测量平面"Y-Z"，测量工具"外卡"，测量方式"垂直测量"，调节工具"自动测量"（对于测量面较小的零件，也可选择"两点测量"）。

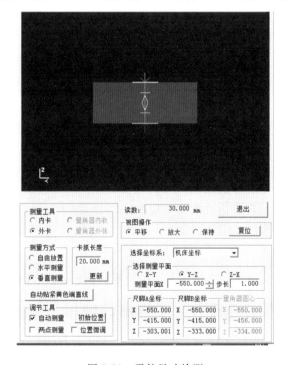

图 2-26　零件尺寸检测

作业练习

一、判断题

1. 数控加工中,麻花钻的刀位点是刀具轴线与横刃的交点。(   )

二、单项选择题

1. 数控刀具的刀位点就是在数控加工中的(   )。

A. 对刀点   B. 刀架中心点

C. 代表刀具在坐标系中位置的理论点   D. 换刀位置的点

2. 选择对刀点时应尽量选择零件的(   )。

A. 边缘上   B. 设计基准上   C. 任意位置   D. 中心位置

3. 下列叙述正确的是(   )。

A. 刀位点是在刀具实体上的一个点

B. 使刀具参考点与机床参考点重合就是机床回零

C. 工件坐标原点又叫起刀点

D. 换刀点就是对刀点

三、多项选择题

1. 对刀点应选择在(   )。

A. 孔的中心线上   B. 两垂直平面交线上   C. 工件对称中心

D. 机床坐标系零点   E. 机床参考点

2. 对刀点合理选择的位置应是(   )。

A. 孔的中心线上   B. 两垂直平面交线上   C. 工件对称中心

D. 机床坐标系零点   E. 机床参考点

模块二   台阶面铣削程序编制

模块目标

● 掌握子程序指令的使用方法
● 能理解子程序和主程序的区别
● 掌握用子程序编制台阶面铣削加工程序
● 能利用仿真软件模拟台阶面的加工

学习导入

台阶面是在平面铣削的基础上增加了一个轮廓的铣削,对台阶的深度有一定的要求。

任务   子程序的使用

任务目标

1. 掌握子程序指令的使用方法
2. 能用子程序编制台阶面加工程序

3.能用仿真软件模拟台阶面的加工

知识要求

● 掌握子程序指令的格式
● 掌握子程序与主程序的区别

技能要求

● 能用子程序编制台阶面加工程序
● 能利用仿真软件模拟台阶面的加工

任务描述

● 毛坯为 100mm×80mm×3mm 长方块,材料为 45 钢,单件生产,选用一把直径为 ϕ20mm 立铣刀,用子程序编制台阶面铣削加工程序,并进行仿真加工,符合图纸要求如图 2-27 所示。

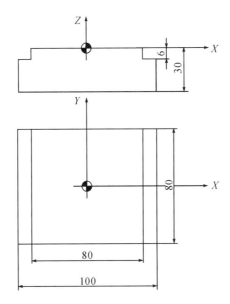

图 2-27 台阶面加工

任务实施

1.操作准备

笔、安装宇龙数控仿真系统的计算机。

2.加工方法

手工编程,用仿真软件模拟加工。

3.操作步骤

(1)阅读与该任务相关的知识;

(2)分析图纸,确定加工工艺,采用深度分层法铣削加工,每刀切深 2mm;

(3)编制程序;

(4)仿真软件模拟加工。

4. 任务评价(见表 2-5)

注意事项：

在编制程序中使用 G00 指令后,再调用 G01 指令,G01 后面的 F 进给量必须要给定,不能因前面出现过而省略。

表 2-5 任务评价

序号	评价内容	配分	得分
1	工件坐标系的设定	20	
2	程序格式	30	
3	仿真加工	30	
4	零件检测	10	
5	职业素养	10	
合计		100	
总分			

知识链接

一、台阶面铣削的工艺

台阶面铣削在刀具、切削用量选择等方面与平面铣削基本相同,但由于台阶面铣削除要保证其底面精度外,还应控制侧面精度,如侧面尺寸精度、侧面与底面的垂直度等,因此,在铣削台阶面时,刀具进给路线的设计与平面铣削方式有所不同。

1. 一次铣削台阶面

当台阶面深度不大时,在刀具及机床功率允许的前提下,可以一次完成台阶面铣削,刀具进给路线如图 2-28 所示,台阶底面及侧面加工精度要求高时,可在粗铣后留 0.3～1mm 余量进行精铣。

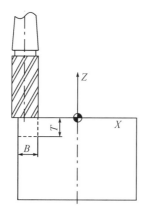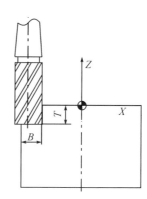

图 2-28 刀具进给路线

2. 在宽度方向分层铣削台阶面,如图 2-29 所示

3. 在深度方向分层铣削台阶面,如图 2-30 所示

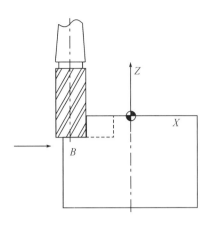

图 2-29　在宽度方向分层铣削台阶面

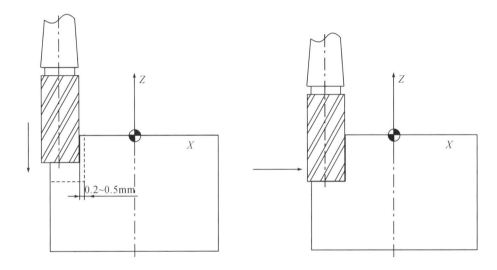

图 2-30　在深度方向分层铣削台阶面

二、内轮廓表面铣削

铣削内轮廓表面时,切入切出无法外延,这时铣刀可沿零件轮廓的法线方向切入和切出,并将其切入、切出点选在零件轮廓两几何元素的交点处。以下是加工凹槽的三种加工路线。

1. 行切法,如图 2-31 所示,适用于加工路线较短,表面粗糙度值较高

2. 环切法,如图 2-32 所示,适用于加工路线较长

3. 先行切再环切,如图 2-33 所示,这是最佳的加工路线方案

三、子程序的使用

当同样的一组程序需重复使用多次时,为了简化编程,可以把重复的程序段编成子程序,在主程序不同的地方通过一定的调用格式多次调用。常应用于图形变位和分层切削。

1. 子程序调用指令(M98)

格式:M98　PXXXNNNN

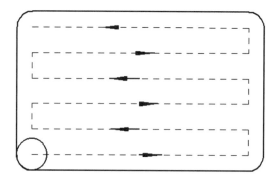

图 2-31　行切法

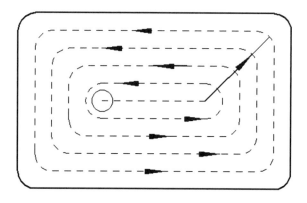

图 2-32　环切法

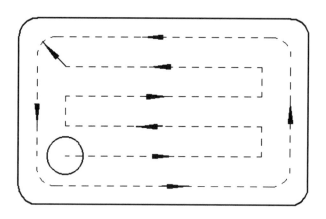

图 2-33　先行切再环切法

其中:P 前三位是重复调用子程序的次数,当不指定重复次数时,子程序只调用 1 次;后四位是被调用的子程序号。

例如:M98 P0060002,表示调用子程序名为"O0002"的子程序 6 次。

2. 子程序格式

子程序由子程序名、子程序体和子程序结束指令组成。

格式：OXXXX；　　　子程序名

　　……　　　　　　子程序体，每段程序以"ENTER"(回车键)结束。

　　M99；　　　　　子程序结束指令。

在子程序开头，必须规定子程序名。在子程序的结尾用 M99，以控制执行完该子程序后返回主程序。

M99 指令表示子程序结束。当主程序执行 M98 时，控制系统将转到子程序去执行，子程序执行到 M99 返回到主程序 M98 的下一个程序段，继续执行主程序，如图 2-34 所示。

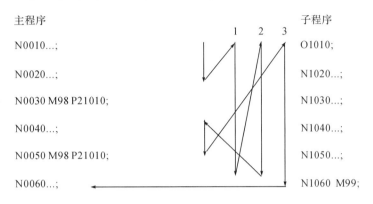

主程序　　　　　　　　　　　　　　　　　　　子程序

N0010…；　　　　　　　　　　　　　　　　　O1010；

N0020…；　　　　　　　　　　　　　　　　　N1020…；

N0030 M98 P21010；　　　　　　　　　　　　N1030…；

N0040…；　　　　　　　　　　　　　　　　　N1040…；

N0050 M98 P21010；　　　　　　　　　　　　N1050…；

N0060…；　　　　　　　　　　　　　　　　　N1060 M99；

图 2-34　主程序调用子程序的执行顺序

3. 子程序嵌套

子程序不仅可以供主程序调用，也可以从其他子程序中调用，这个过程称为子程序的嵌套。从主程序调用的子程序称为 1 重，一共可以调用 4 重，如图 2-35 所示。子程序的个数没有限制，子程序嵌套层数有限制。

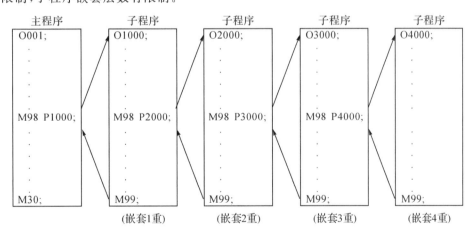

图 2-35　子程序嵌套

4. 编程举例

下面的程序编写的是用一把 $\phi20$mm 的立铣刀铣削平面的加工程序，现在要用子程序来编写，可以先从原程序中找出规律，把有规律的程序提取转变为子程序，这样就很容易地完成对子程序的编写，而且简化了程序，见表 2-6。

```
O2002；
N10 G54 G17 G90 G00 X-47.
Y-55.；
N20 M03 S1000；
N30 Z50. M08；
N40 G00 Z5.；
N50 G01 Z0 F100；
N60 G91 Y110.；
N70 X18.；          第一次
N80 Y-110.；
N90 X18.；
N100 Y110.；
N110 X18.；          第二次
N120 Y-110.；
N130 X18.；
N140 Y110.；
N150 X18.；          第三次
N160 Y-110.；
N170 X18.；
N180 Y110.；
N190 G90 G00 Z50. M09；
```

表 2-6 子程序编写

主程序	子程序
O2004；	O2014；
N10 G54 G17 G90 G00 X-47. Y-55.；	N10 G91 G1 Y110. F100；
N20 M03 S1000；	N20 X18.；
N30 Z50. M08；	N30 Y-110.；
N40 G00 Z5.；	N40 X18.；
N50 G01 Z0 F100；	N50 M99；
N60 M9832014	
N70 Y55.；	
N80 G00 Z50. M09；	
N90 M05；	
N100 M30；	

作业练习

一、判断题

1. 一个主程序调用另一个主程序称为主程序嵌套。（   ）

2. 子程序的编写方式必须是增量方式。（   ）

二、单项选择题

1. 下列关于子程序的叙述,正确的是（   ）。

A．子程序可以调用其他的主程序

B．子程序可以调用其他同层级的子程序

C．子程序可以调用自己的上级子程序

D．子程序可以调用自己本身子程序

2．FANUC 系统 M98 P2013 表示调用子程序执行（　　）次。

A．1　　　　　　　B．2　　　　　　　C．3　　　　　　　D．13

3．主程序与子程序的主要区别在于（　　）。

A．程序名不同

B．主程序用绝对值编程，子程序用增量编程

C．主程序可以调用子程序，子程序不能调用另一个子程序

D．程序结束指令不同

4．主程序调用一个子程序时，假设被调用子程序的结束程序段为"M99 P0010；"则该程序段表示（　　）。

A．调用子程序 10 次　　　　　　　　B．再调用 O0010 子程序

C．跳转到子程序的 N0010 程序段　　　D．返回到主程序的 N0010 程序段

5．下列关于子程序的叙述，不正确的是（　　）。

A．子程序不能调用其他的主程序

B．子程序可以调用其他的下级子程序

C．子程序可以调用自己的上级子程序

D．一个子程序在两处被调用，其层级可以是不相同的

三、多项选择题

1．下列表示调用子程序 3 次的程序段是（　　）。

A．M98 P0030003　　　B．M98P030003　　　C．M98 P30003

D．M98 P0303　　　　　E．M98 P003003

2．下列选项中，（　　）是正确的子程序结束段序段。

A．M99　　　　　　　B．M98　　　　　　　C．M02

D．M30　　　　　　　E．M99 P0010；

四、程序编制与仿真加工

加工如图 2-37 所示的零件，铣削长方形型腔，深度为 12mm，每次切深为 2mm，刀具直径为 8mm，用调用子程序格式编写程序并完成仿真加工。

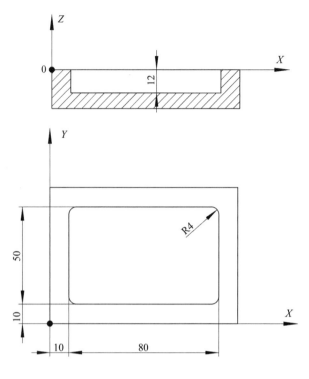

图 2-37　子程序编写

项目三　二维轮廓铣削编程与调试

❖ 能掌握二维轮廓铣削编程的基本指令；

❖ 能掌握优化铣削程序指令的使用方法；

❖ 能掌握刀具半径补偿的建立和取消；

❖ 能掌握刀具切入切出的方式；

❖ 能使用仿真软件加工二维轮廓。

模块一　程序编制中的数学处理

模块目标

● 能理解基点与节点

● 掌握基点的计算

学习导入

● 根据加工零件图纸，按照已经确定的加工路线和允许的编程误差，计算数控系统所需要输入的数据，称为数学处理。这是编程前的主要准备工作之一。有些坐标点不能直接获得，需要通过计算才能获得。

任务　基点与节点

任务目标

● 能熟练计算简单的基点坐标

● 理解节点的特征

任务描述

● 完成基点坐标计算。

任务准备

● 计算图 3-1 中 A、B、C、D、E、F 基点的 X、Y 坐标值。

任务实施

1. 操作准备

图纸、函数计算器、笔、尺。

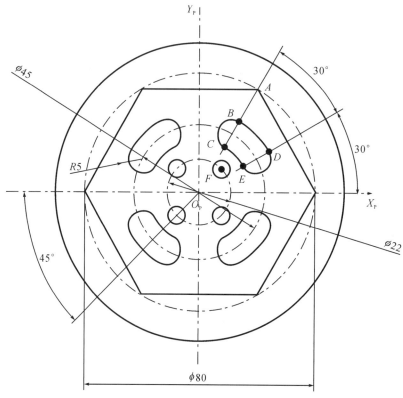

图 3-1　基点计算

2. 操作步骤

（1）分析图纸

从 A、B、C、D、E、F 各个基点作与水平中心线相交的垂直线，得到各自计算用的辅助直角三角形，其斜边为各自相交圆的半径，直角边即为所要计算的 X、Y 坐标值，再利用表 3-2 的计算公式进行相应计算。

（2）计算基点

3. 任务评价（见表 3-1）

表 3-1　任务评价

序号	评价内容	配分	计算结果	得分
1	基点 A	15		
2	基点 B	15		
3	基点 C	15		
4	基点 D	15		
5	基点 E	15		
6	基点 F	15		
7	职业素养	10		
合计		100		
总分				

注意事项：

所计算的基点坐标保留小数点后三位即可，对于复杂的基点计算可以通过列方程方法，当零件轮廓更复杂时，可以使用计算机辅助编程系统。

知识链接

根据被加工零件图纸，按照已经确定的加工路线和允许的编程误差，计算数控系统所需要输入的数据，称为数学处理。这是编程前的主要准备工作，不但对手工编程来说是必不可少的工作步骤，而且即使采用计算机进行自动编程，也经常需要先对工件的轮廓图形进行数学预处理，才能对有关几何元素进行定义。

对图形的数学处理一般包括两个方面：一方面是根据零件图给出的形状、尺寸和公差等直接通过数学方法（如三角、几何与解析几何法等）计算出编程时所需要的有关各点的坐标值，圆弧插补所需要的圆弧圆心的坐标；另一方面，当按照零件图给出的条件还不能直接计算出编程时所需要的所有坐标值，也不能按零件图给出的条件直接进行工件轮廓几何要素的定义进行自动编程时，那么就必须根据所采用的具体工艺方法、工艺装备等加工条件，对零件原图形及有关尺寸进行必要的数学处理或改动，才可以进行各点的坐标计算和编程工作。

一、选择原点、换算尺寸

这里的原点是指编制加工程序时所使用的编程要求。加工程序中的字大部分是尺寸字，这些尺寸字中的数据是程序的主要内容。同一个零件，同样的加工，由于原点选的不同，尺寸字中的数据就不一样，所以，编程之前首先要选定原点。从理论上讲，原点选在任何位置都是可以的。但实际上，为了换算尽可能简便以及尺寸较为直观（至少让部分点的指令值与零件图上的尺寸值相同），应尽可能把原点的位置选得合理些。

铣削件的编程原点，X、Y 向原点一般选择在设计基准或工艺基准的端面上或孔中心线上。若工件有对称部分，则应选择在对称面上，以便于利用数控系统功能简化编程。Z 向原点习惯于取在工件的上表面，这样当刀具切入工件后的 Z 向尺寸字均为负值，离开工件表面后的 Z 向尺寸字均为正值，以便于检查程序。原点选定后，就应对零件图纸中各点的尺寸进行换算，即把各点的尺寸换算成从编程原点开始的坐标值，并重新标注。在标注中，一般可按尺寸公差中值标注，这样在加工过程中比较容易控制尺寸公差。

二、基点与节点

1. 基点

一个零件的轮廓曲线可能由许多不同的几何要素所组成，如直线、圆弧、二次曲线等。各几何要素之间的连接点称为基点。如两条直线的交点、直线与圆弧的交点或切点、圆弧与二次曲线的交点或切点等。显然，基点坐标是编程中需要的重要数据。

以如图 3-2 所示的零件为例，说明平面轮廓加工中只有直线和圆弧两种几何元素的数值计算方法。该零件轮廓由四段直线和一段圆弧组成，其中的 A、B、C、D、E 即为基点。基点 A、B、D、E 的坐标值从图纸尺寸可以很容易找出。C 点是过 B 点的直线与中心为 O_2、半径为 30mm 的圆弧的切点。这个尺寸，图纸上并未标注，所以要用联立方程的方法来找出切点 C 的坐标。

求 C 点的坐标可以用下述方法:求出直线 BC 的方程,然后与以 O_2 为圆心的圆的方程联立求解。为了计算方便可将坐标原点选在 B 点上。

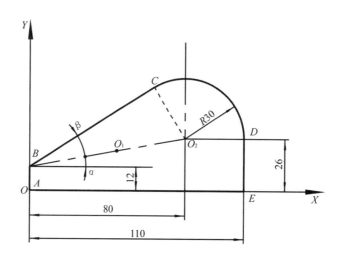

图 3-2　零件的基点

从图上可知,以 O_2 为圆心的圆的方程为
$$(X-80)^2+(Y-14)^2=30^2$$
其中 O_2 坐标为 $(80,14)$,可从图上尺寸直接计算出来。

过 B 点的直线方程为 $Y=KX$。从图上可以看出 $K=\tan(\alpha+\beta)$。这两个角的正切值从已知尺寸可以很容易求出 $K=0.6153$。然后将两方程联立求解:
$$\begin{cases}(X-80)^2+(Y-14)^2=30^2\\Y=0.615X\end{cases}$$
即可求得坐标为 $(64.279,39.551)$。换算成编程坐标系中的坐标为 $(64.2786,51.5507)$。

在计算时,要注意将小数点以后的位数留够。

对这个 C 点也可以采用另一种求法:如果以 BO 连线中点为圆心 O_1,以 O_1O_2 距离为半径作一圆。这个圆与以 O_2 为圆心的圆相交于 C 点和另一对称点 C',将这两个圆的方程联立求解也可以求得 C 点的坐标。

当求其他相交曲线的基点时,也是采用类似的方法。从原理上来讲,求基点是比较简单的,但运算过程仍然十分繁杂。由上述计算可知,如此简单的零件,仍然如此麻烦,当零件轮廓更复杂时,其计算量可想而知。为了提高编程效率,应尽量采用自动编程系统。基点常用的计算方法见表 3-2。

表 3-2　基点常用计算方法

图示	直角边 A	直角边 B	斜边 C
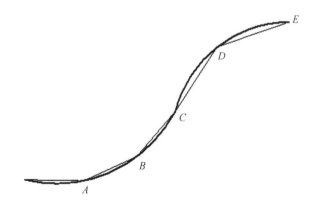	$a = \sqrt{c^2 - b^2}$	$b = \sqrt{c^2 - a^2}$	$c = \sqrt{a^2 + b^2}$
	$a = b \times \tan\alpha$	$b = \dfrac{a}{\tan\alpha}$	$c = \dfrac{a}{\sin\alpha}$
	$a = c \times \sin\alpha$	$b = c \times \cos\alpha$	$c = \dfrac{b}{\cos\alpha}$
	特殊角度三角函数值		
	$\sin 30° = \dfrac{1}{2} = 0.5$	$\sin 45° = \dfrac{\sqrt{2}}{2} = 0.707$	$\sin 60° = \dfrac{\sqrt{3}}{2} = 0.866$
	$\cos 30° = \dfrac{\sqrt{3}}{2} = 0.866$	$\cos 45° = \dfrac{\sqrt{2}}{2} = 0.707$	$\cos 60° = \dfrac{1}{2} = 0.5$
	$\tan 30° = \dfrac{\sqrt{3}}{3} = 0.577$	$\tan 45° = 1$	$\tan 60° = \sqrt{3} = 1.732$

2. 节点

当加工零件轮廓形状与机床的插补功能不一致时,如在只有直线和圆弧插补功能的数控机床上加工椭圆、双曲线、抛物线、阿基米德螺旋线或用一系列坐标点表示的列表曲线时,要用直线或圆弧去逼近被加工曲线。这时,逼近线段与被加工曲线的交点就称为节点。如图 3-3 中的曲线用直线逼近时,其交点 A、B、C、D、E 等即为节点。

在编程时,要计算出节点的坐标,并按节点划分程序段。节点数目的多少,由被加工曲线的特性方程(形状)、逼近线段的形状和允许的插补误差来决定。

很显然,当选用的机床数控系统具有相应几何曲线的插补功能时,编程中数值计算最简单,只要求出基点,并按基点划分程序段就可以了。但前述的二次曲线等的插补功能,一般数控机床上是不具备的。因此,就要用逼近的方法去加工,就需要求节点的数目及其坐标。

图 3-3　零件轮廓的节点

作业练习

一、判断题

在目前,椭圆轨迹的数控加工一定存在节点的计算。(   )

二、单项选择题

1. 在一个几何元素上为了能用直线或圆弧插补逼近该几何元素而人为分割的点称为（   ）。

A. 断点　　　　　　B. 基点　　　　　　C. 节点　　　　　　D. 交点

2. 逼近线段与被加工曲线的交点称为（   ）

A. 零点　　　　　　B. 交点　　　　　　C. 基点　　　　　　D. 节点

3. 基点是两个几何元素联结的交点或（   ）。

A. 终点　　　　　　B. 切点　　　　　　C. 节点　　　　　　D. 拐点

三、多项选择题

7. 下列选项中,属于基点范畴的是（   ）。

A. 直线与直线的交点　　　　　　　　B. 直线与圆弧的切点

C. 圆弧与圆弧的切点　　　　　　　　D. 逼近线段与被加工曲线的交点

E. 圆弧与圆弧的交点

模块二　编制二维轮廓加工程序

模块目标

- 掌握二维轮廓铣削的基本指令
- 掌握优化铣削程序指令的使用方法
- 掌握刀具半径补偿的功能
- 掌握刀具切入切出的方式

学习导入

- 机械零件大部分由二维轮廓构成,形状相对比较复杂,由直线、圆弧,曲线等构成,针对这些复杂的图形我们要运用程序指令,合理简洁地编制程序。

任务一　二维轮廓铣削基本指令

任务目标

1. 掌握二维轮廓铣削程序的编制
2. 掌握优化铣削程序指令的使用方法

知识要求

- 掌握二维轮廓铣削的基本指令
- 掌握优化铣削程序的常用指令

技能要求

● 能编制由直线、圆弧组成的二维轮廓

任务描述

● 用直径为φ10mm的键槽铣刀,按照如图 3-4 所示的图纸,编制刀心轨迹程序,并进行仿真加工。

任务准备

图纸,如图 3-4 所示。

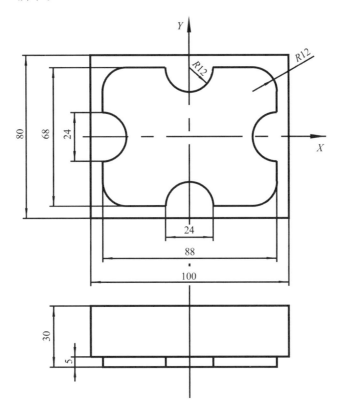

图 3-4　外轮廓铣削编程

任务实施

1. 操作准备

图纸、装有宇龙数控仿真系统的计算机。

2. 加工方法

手工编程,仿真模拟加工。

3. 操作步骤

(1)阅读与该任务相关的知识;

(2)分析图纸。

1)确定加工路线,如图 3-5 所示

2)计算各基点的(X、Y)坐标值

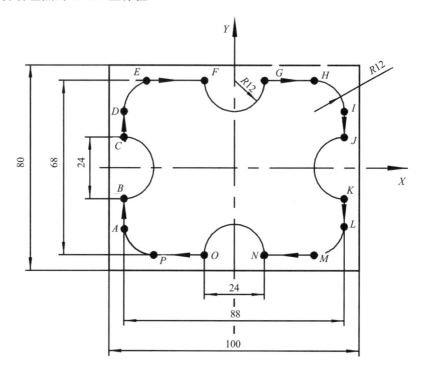

图 3-5　轨迹路线

3)编制程序

4)图形轨迹模拟

4. 任务评价(见表 3-3)

表 3-3　任务评价表

序号	评价内容	配分	得分
1	工件坐标系的设定	10	
2	坐标点计算	10	
3	程序编制	30	
4	图形轨迹模拟	15	
5	仿真加工	15	
6	操作时间	10	
7	职业素养	10	
合计		100	
总分			

注意事项:

　　G01、G02、G03 都属于插补指令,但因含义不同,在变换插补指令时不要忘记写插补指令,否则会造成程序报警。

知识链接

一、圆弧插补（G02、G03）

1. 格式

圆心法：

$$\begin{Bmatrix} G17 \\ G18 \\ G19 \end{Bmatrix} \begin{Bmatrix} G02 \\ \\ G03 \end{Bmatrix} \begin{Bmatrix} X\_ & Y\_ \\ X\_ & Z\_ \\ Y\_ & Z\_ \end{Bmatrix} \begin{Bmatrix} I\_ & J\_ \\ I\_ & K\_ \\ J\_ & K\_ \end{Bmatrix} F\_$$

半径法：

$$\begin{Bmatrix} G17 \\ G18 \\ G19 \end{Bmatrix} \begin{Bmatrix} G02 \\ \\ G03 \end{Bmatrix} \begin{Bmatrix} X\_ & Y\_ \\ X\_ & Z\_ \\ Y\_ & Z\_ \end{Bmatrix} R\_ \quad F\_$$

其中：G02 为顺时针圆弧插补；G03 为逆时针圆弧插补；X、Y、Z 为圆弧终点坐标值；R 为圆弧半径；F 为进给速度。

2. 说明

（1）圆弧插补方向的判断如图 3-6 所示，依据右手笛卡尔直角坐标系法则，从插补平面第三轴的正方向向负方向看插补平面时，该平面的顺时针圆弧为 G02，逆时针圆弧为 G03。

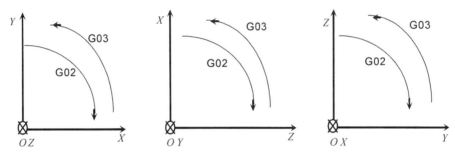

图 3-6　圆弧插补

（2）圆弧中心用地址 I、J、K 指定，如图 3-7 所示。它们是圆心相对于圆弧起点，分别在 X、Y、Z 轴方向的坐标增量，是带正负号的增量值，圆心坐标值大于圆弧起点坐标值为正值，圆心坐标值小于圆弧起点坐标值为负值。当 I、J、K 为零时可以省略；在同一程序段中，如 I、J、K 与 R 同时出现时，R 有效，I、J、K 无效。

（3）圆弧中心也可用半径指定，在 G02、G03 指令的程序段中，可直接指定圆弧半径，指定半径的尺寸字地址一般是 R。在相同半径的条件下，从圆弧起点到终点有两个圆弧的可能性，即圆弧所对应的圆心角小于 $180°$，用 $+R$ 表示；圆弧所对应的圆心角大于 $180°$，用 $-R$ 表示；对于 $180°$ 的圆弧，正负号均可。

3. 编程举例

如图 3-8 所示，圆弧程序段见表 3-4。

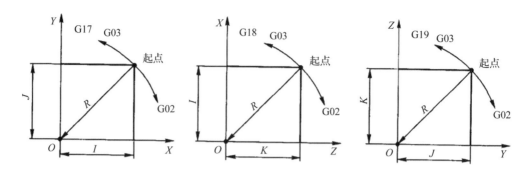

图 3-7　用 I、J、K 指定圆心

表 3-4　圆弧程序段

圆弧角度	圆弧方向	增量方式	绝对方式
≤180°	顺时针	G91 G02 X20 Y20 R20 F100;	G90 G02 X50 Y40 R20 F100;
	逆时针	G91 G03 X20 Y20 R20 F100;	G90 G03 X50 Y40 R20 F100;
≥180°	顺时针	G91 G02 X20 Y20 R-20 F100;	G90 G02 X50 Y40 R-20 F100;
	逆时针	G91 G03 X20 Y20 R-20 F100;	G90 G03 X50 Y40 R-20 F100;

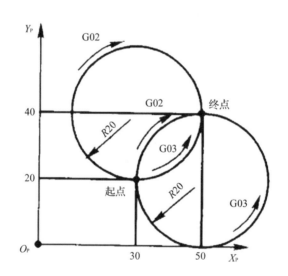

图 3-8　用半径指定圆心

二、极坐标(G16、G15)

在工件的编程过程中,轮廓基点取值通常采用直角坐标系,但对于正多边形等,在对以半径和角度形式进行表示的零件以及圆周分布的孔类零件标注时,采用直角坐标系计算不仅复杂且容易出错,而采用极坐标进行编程,则基点计算要方便得多。极坐标的角度称为极角,长度称为极半径,极半径的起点称为极点。这三者是用极坐标指令编程时的三要素。

1. 格式

G16 X＿ Y＿ ;

G15 ;

其中：G16 表示极坐标生效指令；G15 表示极坐标取消指令；X 表示极半径参数，极径的回转中心是共建坐标系原点；Y 表示极角参数，极角的始边与 X 坐标轴的正方向重合。

2. 说明

(1)极角有正负之分，在工作平面内的水平轴逆时针旋转为正，顺时针旋转为负。极半径与极角的表示见表 3-5。

表 3-5　极半径与极角的表示

所在平面	半径值	极角值
G17	X	Y
G18	Z	X
G19	Y	Z

(2)对于绝对方式编程，极半径是当前工件坐标系的原点到终点的距离；对于增量方式编程，极半径是当前位置到终点位置的距离。

3. 编程举例

尺寸标注按一个圆周分布时，用极坐标表示坐标位置可以避免换算。如图 3-9 所示，五边形的 5 个顶点 $P_1 \sim P_5$ 的极坐标分别表示：$P_1(18,54)$，$P_2(90,54)$，$P_3(162,54)$，$P_4(234,54)$，$P_5(306,54)$。采用极坐标的方式编程，程序段见表 3-6。

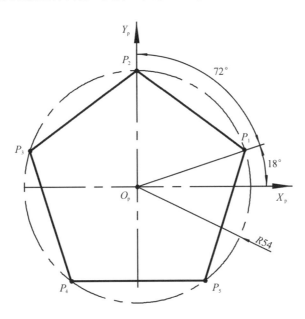

图 3-9　极坐标表示坐标位置

表 3-6　极坐标编程

程序	说明
…	
N20 G00 X0 YO；	
N30 G16；	采用极坐标编程
N40 G01 X54 Y18；	极半径为 54mm,极角为 18°
N50 Y90；	极角为 90°
N60 Y162；	极角为 162°
N70 Y234；	极角为 234°
N80 Y306；	极角为 306°
N90 Y18；	极角为 18°
N100 G15；	极坐标取消
…	

三、坐标旋转(G68、G69)

坐标系旋转指令是编程指令中对坐标进行变换的指令,具有坐标系平移与坐标系旋转的两个功能。运用坐标系旋转指令后,按原坐标系编写的零件加工程序,加工的零件形状没有发生变化,只是轮廓对应点的位置发生了变化,通过坐标系变换随着原坐标系原点进行平移,然后围绕平移的坐标原点旋转一个角度。

1. 格式

G68 X ＿ Y ＿ R ＿；

G69；

其中:G68 表示坐标旋转开始指令;G69 表示坐标旋转功能结束指令;X、Y 表示旋转中心的坐标值;R 表示旋转角度,逆时针为正,顺时针为负,一般为绝对值,当 R 省略时,按系统参数确定旋转角度。

2. 说明

(1)当程序在绝对方式下,G68 程序段后的第一个程序段必须使用绝对方式移动指令才能确定旋转中心。如果这一程序段为增量方式移动指令,那么系统将以当前位置为旋转中心,按 G68 给定的角度旋转坐标。

(2)在有刀具补偿的情况下,先进行坐标旋转,然后才进行刀具半径补偿、刀具长度补偿。因此采用坐标旋转功能都结合子程序使用。

(3)在有缩放功能的情况下,先缩放后旋转。

3. 编程举例

编写如图 3-10 所示刀具轨迹(深 2mm),图形在(7,3)点将坐标逆时针旋转 60°时的程序。采用坐标系旋转方式编程,程序段见表 3-7。

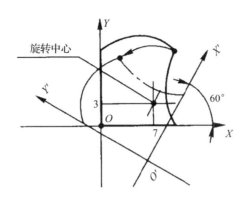

图 3-10　坐标系旋转

表 3-7　坐标系旋转编程

程序	说明
O308；	
N10 G54 G90 G17；	
N20 M03 S1000；	
N30 G00 Z50；	
N40 X0 Y0；	
N50 Z5；	
N60 G68 X7 Y3 R60；	XOY 以 $(7,3)$ 为中心逆时针旋转 $60°$
N70 X0 Y0；	直线插补至 $X'O'Y'$ 中的 O'
N80 G01 Z-2 F100；	
N90 G91 X10；	在 $X'O'Y'$ 运行轨迹
N100 G02 Y10 R10；	
N110 G03 X-10 I-5 J-5；	
N120 G01 Y-10；	
N130 Z5；	$X'O'Y'$ 还原成 XOY
N140 G69；	直线插补至 XOY 中的 O
N150 G00 G90 X0 Y0；	
N160 Z50；	
N170 M05；	
N180 M30；	

四、坐标镜像(G51.1、G50.1)

当加工某些对称图形时,为了避免重复编制相类似的程序,缩短加工程序,可采用镜像加工功能。如图 3-11(a)、图 3-11(b)和图 3-11(c)所示分别是 Y、X 和原点对称图形,编程轨迹为一半图形,另一半图形可通过镜像加工指令完成,有时可由外部开关来设定镜像功能。

1. 格式

G51.1 X_Y_;

G50.1;

其中:G51.1 为坐标镜像功能设定,G50.1 为取消坐标镜像功能。

2. 说明

(1)其中,X、Y 表示镜像的对称点或对称轴。

(2)在有刀具补偿的情况下,进行坐标轴镜像后,刀具补偿的方向会发生改变。原来是 G41 左补偿镜像后变为 G42 右补偿,原来是 G42 右补偿镜像后变为左补偿。因此采用镜像加工的方法会对轮廓的尺寸精度和表面粗糙度造成影响。

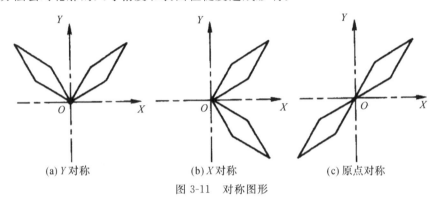

(a) Y 对称　　　　　　(b) X 对称　　　　　　(c) 原点对称

图 3-11　对称图形

作业练习

一、判断题

1. 在某一程序段中,圆弧插补整圆其终点重合于起点,用 R 无法定义,所以用圆心坐标编程。(　　)

2. I、J、K 是起点到圆心的距离,无正、负之分。(　　)

3. 圆弧插补时 Y 坐标的圆心坐标符号用 K 表示。(　　)

4. G17、G18、G19 指令不可用来选择圆弧插补的平面。(　　)

5. 圆弧插补 G02 和 G03 的顺逆判别方向是:沿着垂直插补平面的坐标轴的负方向向正方向看去,顺时针方向为 G02,逆时针方向为 G03。(　　)

6. G02 X_ Z_ I_ K_ F_;的所指的插补平面是数控铣床的默认加工平面。(　　)

二、单项选择题

1. 下列关于数控加工圆弧插补用半径编程的叙述,正确的是(　　)。

A. 当圆弧所对应的圆心角大于 180° 时半径取大于零

B. 当圆弧插补程序段中出现半径参数小于零,则表示圆心角大于 180°

C. 不管圆弧所对应的圆心角多大,圆弧插补的半径统一取大于零

D. 当圆弧插补程序段中半径参数的正负符号用错,则会产生报警信号

2. G02 X_ Z_ I_ K_ F_;程序段对应的选择平面指令应是(　　)。

A. G17　　　　　　　B. G18　　　　　　　C. G19　　　　　　　D. G20

3. 铣削程序段 G02 X50.0 Y-20.0 R-10.0 F0.3;所插补的轨迹不可能是(　　)。

A. 圆心角为 360° 的圆弧　　　　　　B. 圆心角为 270° 的圆弧

C. 圆心角为 200°的圆弧   D. 圆心角为 180°的圆弧

4. 在 XY 平面上,某圆弧圆心为(0,0),半径为80,如果需要刀具从(80,0)点沿该圆弧到达(0,80)点,则程序指令为(　　)。

A. G02 X0 Y80.0 I80.0 F0.3   B. G03 X0 Y80.0 I-80.0 F0.3

C. G02 X80.0 Y0 J80.0 F0.3   D. G03 X80.0 Y0 J-80.0 F0.3

5. 采用半径编程方式填写圆弧插补程序段时,当其圆弧所对应的圆心角(　　)180°时,该半径 R 取负值。

A. 大于   B. 小于   C. 大于或等于   D. 小于或等于

6. 数控系统通常除了直线插补外,还可以(　　)。

A. 椭圆插补   B. 圆弧插补   C. 抛物线插补   D. 球面插补

7. FANUC 系统圆弧插补用圆心位置参数描述时,I 和 J 为圆心分别在 X 轴和 Y 轴相对于(　　)的坐标增量。

A. 工件坐标原点   B. 机床坐标原点   C. 圆弧起点   D. 圆弧终点

8. 在铣削一个 XY 平面上的圆弧时,圆弧起点在(30,0),终点在(−30,0),半径为50,圆弧起点到终点的旋转方向为顺时针,则铣削圆弧的指令为(　　)。

A. G17 G90 G02 X-30.0 Y0 R50.0 F100;

B. G17 G90 G03 X-30.0 Y0 R-50.0 F100;

D. G18 G90 G02 X-30.0 Y0 R50.0 F100;

C. G17 G90 G02 X-30.0 Y0 R-50.0 F100;

8. 用 G02/G03 指令圆弧编程时,圆心坐标 I、J、K 为圆心相对于(　　)分别在 X、Y、Z 坐标轴上的增量。

A. 圆弧起点   B. 圆弧终点   C. 圆弧中点   D. 圆弧半径

任务二　刀具补偿功能

任务目标

1. 掌握刀具半径补偿指令的使用方法
2. 掌握刀具长度补偿指令的使用方法

知识要求

● 掌握刀具半径补偿的目的
● 掌握刀具半径补偿指令的格式
● 掌握刀具长度补偿的目的
● 掌握刀具长度补偿指令的格式

技能要求

● 能合理建立刀具半径补偿
● 能用刀具半径补偿功能完成程序的编制

任务描述

● 用直径为φ10mm 的键槽铣刀,按照如图 3-12 所示的图纸,建立刀具半径补偿,完成程序编制。

任务准备

● 图纸,如图 3-12 所示。

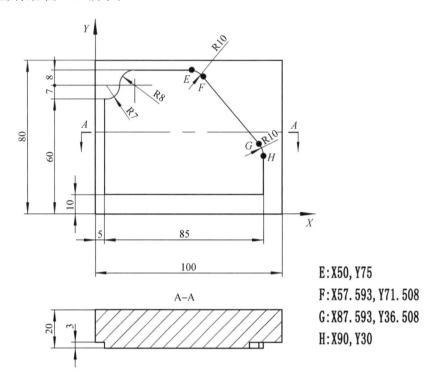

E:X50,Y75
F:X57.593,Y71.508
G:X87.593,Y36.508
H:X90,Y30

图 3-12　外轮廓铣削编程

任务实施

1. 操作准备

图纸、装有宇龙数控仿真系统的计算机。

2. 加工方法

手工编程,仿真模拟加工。

3. 操作步骤

(1)阅读与该任务相关的知识;

(2)分析图纸。

1)确定加工路线如图 3-13 所示;

2)计算各基点的(X、Y)坐标值;

3)编制程序,并用仿真模拟图形轨迹检验。

4. 任务评价(见表 3-8)

表 3-8　任务评价表

序号	评价内容	配分	得分
1	工件坐标系的设定	10	
2	坐标点计算	10	

续表

序号	评价内容	配分	得分
3	程序编制	30	
4	图形轨迹模拟	15	
5	仿真加工	15	
6	操作时间	10	
7	职业素养	10	
合计		100	
总分			

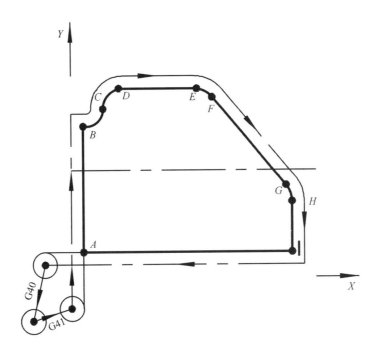

图 3-13　建立刀具半径补偿的轨迹路线

注意事项：

1. 在进行刀具半径补偿前，必须用 G17 或 G18、G19 指定补偿是在哪个平面上进行的。

2. 刀具半径补偿的建立和取消只能用 G00、G01。

知识链接

一、刀具半径补偿(G40、G41、G42)

1. 刀具补偿原理

在数控铣床上进行轮廓的铣削加工时，由于刀具半径的存在，刀具中心(刀心)轨迹和工件轮廓不重合。如果数控系统不具备刀具半径自动补偿功能，则只能按刀心轨迹进行编程，即在编程时给出刀具的中心轨迹如图 3-14 所示，其计算相当复杂，尤其当刀具磨损、重磨或换新刀而使刀具直径变化时，必须重新计算刀心轨迹，修改程序，这样既烦琐，又不易保证加工精度。当数控系统具备刀具半径补偿功能时,数控编程只需按工件轮廓进行(如图中的粗实线轨迹),数控系统会自动计算刀心轨迹,为刀具偏离工件轮廓一个半径值,即进行刀具半径补偿。

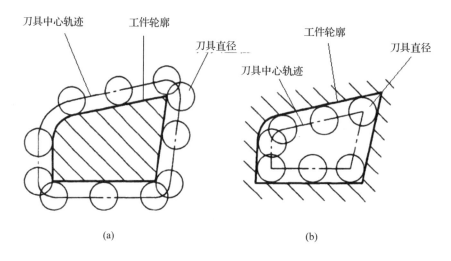

图 3-14　刀具轨迹

2. 格式

刀具半径补偿是通过 G41、G42、G40 代码及 D 代码指定的刀具半径补偿号,建立或取消半径补偿。

$$\left\{\begin{matrix} G17 \\ G18 \\ G19 \end{matrix}\right\} \left\{\begin{matrix} G00 \\ \\ G01 \end{matrix}\right\} \left\{\begin{matrix} G41 \\ \\ G42 \end{matrix}\right\} \quad X\_\ Y\_\ D\_\ F\_$$

……

$$\left\{\begin{matrix} G00 \\ \\ G01 \end{matrix}\right\} \quad G40 \quad X\_\ Y\_\ F\_$$

3. 说明

(1)G41 是刀具半径左补偿,指朝着不在补偿平面内的坐标轴由正方向向负方向看去,沿着刀具运动方向向前看(假设工件不动),刀具位于工件左侧的刀具半径补偿。这时相当于顺铣,如图 3-15(a)所示。

(2)G42 是刀具半径右补偿,指朝着不在补偿平面内的坐标轴由正方向向负方向看去,沿着刀具运动方向向前看(假设工件不动),刀具位于工件右侧的刀具半径补偿。这时相当于逆铣,如图 3-15(b)所示。

(3)G40 是刀具半径补偿取消,使用该指令后,使 G41、G42 指令无效。

(4)X、Y 是建立与撤销刀具半径补偿直线段的终点坐标值。

(5)D 是刀补号,地址 D 后跟的数值是刀具号,它用来调用内存中刀具半径补偿的数值。如 D01 就是调用在刀具表中第一号刀具的半径值。这一半径值是预先输入在内存表中的 01 号位置上的。刀具半径补偿号地址数有 100 个,即 D00~D99。

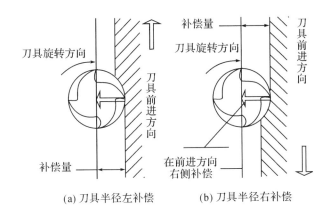

(a) 刀具半径左补偿　　　(b) 刀具半径右补偿

图 3-15　刀具半径补偿方向

4. 指令应用注意事项

(1)在进行刀具半径补偿前,必须用 G17 或 G18、G19 指定补偿是在哪个平面上进行的。

(2)必须与指定平面中的轴相对应。在多轴联动控制中,投影到补偿平面上的刀具轨迹受到补偿,平面选择的切换必须在补偿取消方式时进行;若在补偿方式时进行,则报警。

(3)X、Y、Z 为 G00 或 G01 的参数,即刀补建立或取消的终点(注:投影到补偿平面上的刀具轨迹受到的补偿)。

(4)D 为 G41 或 G42 的参数,即刀补号码(D00~D99),它代表了刀补表中对应的半径补偿值。偏置量(刀具半径)预先设置在 D01 指定的存储器中。

(5)G40、G41、G42 都是模态代码,可相互注销。

例如:G90　　G41　　G01　　X50　　Y40　　F100　　D01

或　　　G90　　G41　　G00　　X50　　Y40　　D01。

G41、G40、D 均为续效代码。

(6)刀具半径补偿的建立与取消只能用 G00 或 G01。G41、G42、G40 只能用 G00 或 G01 来实现,不能用 G02 或 G03 来实现补偿。

5. 刀具半径补偿轨迹

(1)刀具半径补偿(下面简称刀补)的过程分为三步

1)建立刀补:在刀具从起点接近工件时,刀心轨迹从与编程轨迹重合过渡到与编程轨迹偏离一个偏置量的过程。

2)刀补进行:刀具中心始终与编程轨迹相距一个偏置量直到刀补取消。

3)取消刀补:刀具离开工件,刀心轨迹要过渡到与编程轨迹重合的过程。

(2)刀具半径补偿的几种方法

1)直线外轮廓刀具半径补偿的建立和取消

刀具由起刀点(位于零件轮廓及零件毛坯之外,距离加工零件轮廓切入点较近的刀具位置)以进给速度接近工件,刀具半径补偿偏置方向由 G41(左补偿)或 G42(右补偿)确定,起始段的实际轨迹如图 3-16 所示。在图中,建立刀具半径左补偿的程序段见表 3-9。

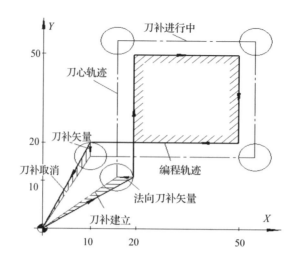

图 3-16 起始段的实际补偿轨迹

表 3-9 建立刀具半径补偿程序

程序	说明
N10 G54 G90 G17 G0 X0 Y0；	定义程序原点,起始点坐标为(0,0)
N20 M03 S1000；	启动主轴
N30 G01 G41 X20 Y10 F100 D01；	建立左补偿,刀具半径偏置寄存器号 D01
N40 Y50.0；	定义首段零件轮廓
N10 G54 G90 G17 G0 X0 Y0；	定义程序原点,起始点坐标为(0,0)
N20 M03 S1000；	启动主轴
N30 G01 G42 X20 Y10 F100 D01；	建立右补偿,刀具半径偏置寄存器号 D01
N40 Y50.0；	定义首段零件轮廓

2)圆弧外轮廓刀具半径补偿的建立和取消

如图 3-17 所示,刀具由起刀点 A 开始加入 G41 左补偿运动到 B 点,然后切线方向运动至工件 C 点,完成圆弧插补后切向退至 D 点,取消刀补 G40 运动到 E 点。

3)圆弧内轮廓刀具半径补偿的建立和取消

a)如图 3-18 所示,采用圆弧切入切出方法。刀具由起刀点 A 开始加入 G41 左补偿运动到 B 点,直线运动到 C 点然后沿四分之一圆弧切线方向运动至工件 D 点,完成圆弧插补后圆弧退出至 E 点,直线运动切向退至 F 点,取消刀补 G40 运动到 A 点。

b)如图 3-19 所示,采用法向切入切出方法。刀具由起刀点 A 开始加入 G41

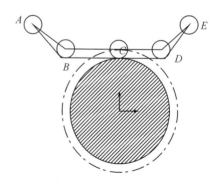

图 3-17 圆弧外轮廓刀具半径补偿的建立和取消

左补偿运动到 B 点,完成圆弧插补后增加四分之一圆弧至 C 点,取消刀补 G40 运动到 A 点。

4)直线内轮廓刀具半径补偿的建立和取消

a)如图 3-20 所示,法向切入切出方法。刀具由起刀点 A 开始加入 G41 左补偿运动到 B 点,完成轮廓加工后超距离运行至 C 点,取消刀补 G40 运动到 D 点。

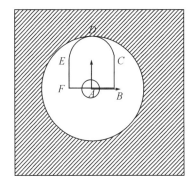

图 3-18　圆弧切线切入切出方法

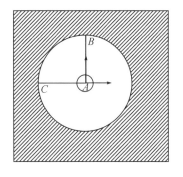

图 3-19　法向切入切出方法

b)如图 3-21 所示,圆弧切入切出方法。刀具由起刀点 A 开始加入 G41 左补偿运动到 B 点,直线运动到 C 点,然后沿四分之一圆弧切线方向运动至工件 D 点,完成轮廓加工后圆弧退出至 E 点,直线运动切向退至 F 点,取消刀补 G40 运动到 A 点。

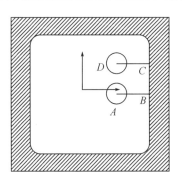

图 3-20　法向切入切出方法

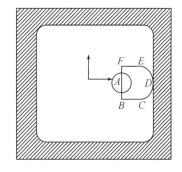

图 3-21　圆弧切入切出方法

注意:内轮廓补偿时刀具半径要小于轮廓中任一圆弧的曲率半径值。

5)刀具半径补偿功能的应用

a)因磨损、重磨或换新刀而引起刀具直径改变后,不必修改程序,只需在刀具参数设置中输入变化后的刀具直径,即可适用于同一程序。

同一程序中,对同一尺寸的刀具,利用刀具半径补偿,可进行粗、精加工。例如,刀具半径为 R,精加工余量为 A。粗加工时,输入刀具半径偏置量 $D=R+A$。精加工时,用同一程序,同一刀具,但输入刀具半径偏置量 $D=R$,则加工出要求的轮廓。

b)应用刀具补偿功能可以加工和程序节点平行的轮廓,减少计算的步骤。

二、刀具长度补偿(G43、G44、G49)

1. 刀具补偿目的

刀具长度补偿功能在 G17、G18、G19 情况下分别对 Z 轴、Y 轴、X 轴方向的刀具补偿,它可使刀具的实际位移量大于或小于编程给定位移量。

有了刀具长度补偿功能,当加工过程中刀具因磨损、重磨、换新刀而使其长度发生变化时,可不必修改程序中的坐标值,只要修改存放在寄存器中刀具长度补偿值即可。

其次,若加工一个零件需用几把刀,各刀的长度不同,编程时不必考虑刀具长短对坐标值的影响,只要把其中一把刀设为标准刀,其余各刀相对标准刀设置长度补偿值即可。

2. 格式

$$\begin{Bmatrix} G17 \\ G18 \\ G19 \end{Bmatrix} \begin{Bmatrix} G00 \\ \\ G01 \end{Bmatrix} \begin{Bmatrix} G43 \\ \\ G44 \end{Bmatrix} \begin{Bmatrix} Z\_ \\ Y\_ \\ X\_ \end{Bmatrix} H\_$$

$$\begin{Bmatrix} G00 \\ G01 \end{Bmatrix} G49$$

其中:G43 是刀具长度正补偿;G44 是刀具长度负补偿;G49 是取消刀具长度补偿;H 是刀补号,地址 H 后跟的数值是刀具号,它用来调用内存中刀具长度补偿的数值。如 H01 就是调用在刀具表中第一号刀具的长度,这一长度值是预先输入在内存表中的 01 号位置上的。刀具长度补偿号地址数有 100 个,即 H01～H99。H 代码中放入刀具的长度补偿值作为偏置量,这个号码与刀具半径补偿共用。

3. 刀具长度补偿的应用

以 G17 平面为例,无论是采用绝对方式还是增量方式编程,对于存放在 H 中的数值,在 G43 时是加到 Z 轴坐标值中;在 G44 时是从原 Z 轴坐标中减去,从而形成新的 Z 轴坐标。

如图 3-22 所示,执行 G43 时:$Z_{实际值} = Z_{指令值} + H\times\times$

执行 G44 时:$Z_{实际值} = Z_{指令值} - H\times\times$

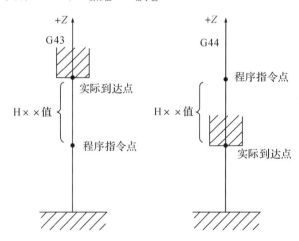

图 3-22 刀具长度补偿

当偏置量是正值时,G43 指令是在正方向移动一个偏置量,G44 是在负方向上移动一个偏置量;当偏置量是负值时,G43 指令是在负方向移动一个偏置量,G44 是在正方向上移动一个偏置量。

如图 3-23 所示,H01＝160mm,当程序段为 G90 G00 G44 Z30 H01;执行时,指令为 A 点,实际到达 B 点。G43、G44 是模态 G 代码,在遇到同组其他 G 代码之前均有效。

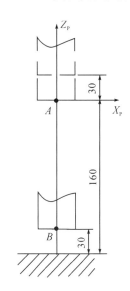

图 3-23　刀具长度补偿编程

作业练习

一、判断题

1. 数控铣削刀具补偿功能包含刀具半径补偿和刀具长度补偿。(　　)

2. 刀具半径补偿取消用 G40 代码,如:G40 G02 X20.0 Y0 R5.0;该程序段执行后刀补被取消。(　　)

3. 数控铣一内轮廓圆弧形零件,如铣刀直径改小 1mm(假设刀补不变),则圆弧内轮廓直径也小 1mm。(　　)

4. 进行刀补就是将编程轮廓数据转换为刀位点轨迹数据。(　　)

5. 刀具补偿有三个过程是指 G41、G42 和 G40 三个过程。(　　)

6. 刀具补偿寄存器内存入的是负值表示实际补偿方向取反。(　　)

7. 设 H01＝－2mm,执行 N10 G90 G00 Z5.0;N20 G43 G01 Z－20.0 H01;其中 N20 实际插补移动量为 22mm。(　　)

二、单项选择题

1. 程序中指定了(　　)时,刀具半径补偿被取消。

A. G40　　　　　　B. G41　　　　　　C. G42　　　　　　D. G49

2. 在使用 G40 指令刀补的取消过程中只能用(　　)指令。

A. G00 或 G01　　B. G01 或 G02　　C. G02 或 G03　　D. G04

3. 外轮廓周边顺圆铣削前刀具半径补偿建立时应使用(　　)指令。

A. G40　　　　　　B. G41　　　　　　C. G42　　　　　　D. G43

4. 数控铣刀长度微量磨损后,主要修改(　　)的参数。

A. 刀具位置补偿　　B. 刀具半径补偿　　C. 刀具长度补偿　　D. 刀具方向补偿

5. G43 G01 Z15.0 H10;其中 H10 表示(　　)。

A. Z 轴的位置增加量是 10mm

B. 刀具长度补偿值存放位置的序号是 10 号

C. 长度补偿值是 10mm

D. 半径补偿值是 10mm

6. 控铣床上用 φ20 铣刀(刀具半径补偿偏置值是 10.3),执行 G02 X60.0 Y60.0 R40.0 F120;粗加工 φ80 内圆弧,测量直径尺寸是 φ79.28,现精加工则修改刀具半径补偿偏置值为(　　)。

A. 9.64　　　　　　B. 9.94　　　　　　C. 10.0　　　　　　D. 10.36

7. 进行轮廓铣削时,应避免( )工件轮廓。

A. 切向切入和切向退出　　　　　B. 切向切入和法向退出

C. 法向切入和法向退出　　　　　D. 法向切入和切向退出

8. 数控铣床取消刀补应在( )。

A. 工件轮廓加工完成立即取消刀补

B. 工件轮廓加工完成撤离工件后取消刀补

C. 任意时间都可以取消刀补

D. 工件轮廓加工完成可以不取消刀补

9. 数控铣削刀具补偿,刀具刀位点与轮廓实际切削点相差一个半径值,其对应的补偿称为( )。

A. 刀具位置补偿　　B. 刀具半径补偿　　C. 刀具长度补偿　　D. 刀具方向补偿

10. 内轮廓周边逆圆铣削前刀具半径补偿建立时应使用( )指令。

A. G40　　　　　B. G41　　　　　C. G42　　　　　D. G43

任务三　仿真加工二维轮廓

任务目标

1. 掌握用仿真软件粗、精加工零件

2. 掌握用仿真软件对零件的检测

知识要求

● 掌握粗加工的刀具半径补偿值的计算

● 掌握精加工的刀具半径补偿值的计算

技能要求

● 能用仿真软件粗、精加工零件,保证零件精度

● 能用仿真软件检测零件

任务描述

● 用直径为10mm的键槽铣刀,按照如图3-24所示的图纸,编制程序,并进行仿真加工,保证图纸上的尺寸精度均为中间尺寸,对该零件进行检测。

任务准备

图纸,如图3-24所示。

任务实施

1. 操作准备

图纸、装有宇龙数控仿真系统的计算机。

2. 加工方法

手工编程,仿真模拟加工。

3. 操作步骤

(1)阅读与该任务相关的知识;

(2)分析图纸。

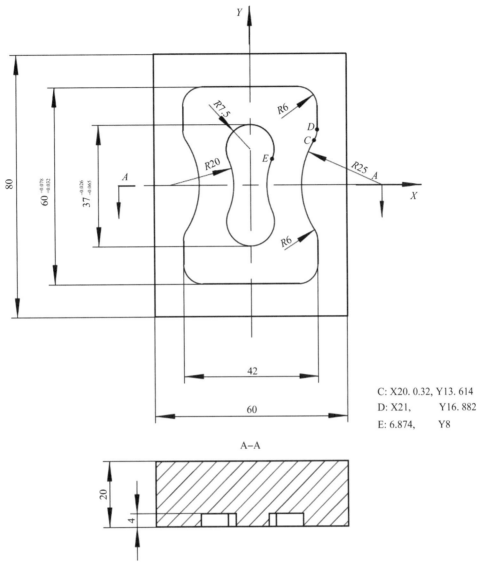

C: X20. 0.32, Y13. 614
D: X21, Y16. 882
E: 6.874, Y8

A–A

图 3-24 板类零件二维轮廓铣削

1)确定加工工艺

2)编制程序

3)图形轨迹模拟

4)仿真加工

5)检测

4. 任务评价(见表 3-10)

表 3-10 任务评价表

序号	评价内容	配分	得分
1	工件坐标系的设定	10	
2	坐标点计算	10	

续表

序号	评价内容	配分	得分
3	程序编制	25	
4	图形轨迹模拟	10	
5	仿真加工	15	
6	测量	10	
7	操作时间	10	
8	职业素养	10	
合计		100	
总分			

注意事项:

1. 仿真加工时,在刀具半径补偿设置界面内的形状(D)是指刀具的半径。

2. 刀具补偿设置界面,形状和摩耗的输入要区分清楚。

知识链接

一、刀具半径补偿应用原理

刀具半径补偿机能除了可免除刀心轨迹的人工计算外,还可以利用同一加工程序适应不同的工况。如刀具磨损和刀具重磨后,刀具半径变小,只要手动输入改变后的刀具半径即可,而不必修改已编好的程序。又如,同一程序、同一尺寸的刀具进行粗、精加工。图 3-25 为粗、精加工的补偿方法:假设精加工余量为 Δ。先采用($r+\Delta$)的偏置量,进行粗加工至图中虚线的位置。精加工时,采用实际刀具半径 r 的偏置量,即可进行最终轮廓的加工。同理,利用调整半径值 r 的大小,可控制轮廓尺寸的精度。

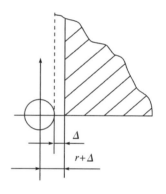

图 3-25 粗、精加工补偿法

二、刀具半径补偿应用

如图 3-26 所示图纸,运用简化程序的方法进行程序编制,并进行仿真加工。

1. 图纸解读

(1)从图纸上分析:此零件主要由两个视图表达其结构,分别是主视图和左视图,其中主视图表达零件主要轮廓的形状,左视图表达零件深度。

(2)从零件结构上分析,此零件主要表面为方形,零件的主要加工面为 4 个形状相同的外轮廓,有尺寸精度要求,所以此零件为铣削加工中的板类零件。

(3)其中轮廓有尺寸精度要求 $32_{-0.05}^{0}$ 和深度要求 $5_{0}^{+0.05}$,加工时需注意刀补和深度的控制。

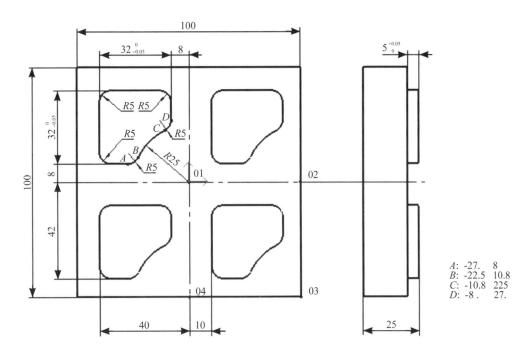

图 3-26　实例应用

A: -27.　8
B: -22.5　10.8
C: -10.8　225
D: -8 .　27.

2. 零件加工工艺分析

（1）装夹工具：由于是方形毛坯，所以采用机用平口钳对毛坯夹紧。

（2）加工方案的选择：采用一次装夹完成零件的粗、精加工。

（3）确定加工顺序，走刀路线。

1）建立工件坐标系原点：工件坐标系原点建立板类零件的上表面有 4 个分别是 O1、O2、O3、O4。

2）确定走刀路线，如图 3-27 所示。

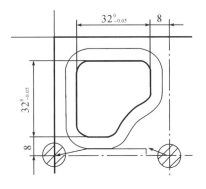

图 3-27　子程序刀具轨迹

（4）刀具与切削用量选择。

1）刀具选择：根据零件的结构特点，铣削加工时采用 ϕ10 的键槽铣刀。

2）切削用量选择：根据工件材料、工艺要求进行选择。主轴转速粗加工时取 $S=600r/min$，精加工时取 $S=800r/min$，进给量轮廓粗加工时取 $F=100mm/min$，轮廓精加工时取 $F=80mm/min$，Z 向下刀时进给量取 $F=30mm/min$。

3. 零件加工程序（见表 3-11）

表 3-11　实例应用加工程序

程序	说明
O3001；	程序名
G54G90G17G00Z10.；	建立工件坐标系 G54
M03S600；	主轴正转，转速 600r/min
M98P2.；	调用子程序 O0002 一次
G55G90G17G00Z5.；	建立工件坐标系 G55
M98P2；	调用子程序 O0002 一次
G56G90G17G00Z10.；	建立工件坐标系 G56
M98P2；	调用子程序 O0002 一次
G57G90G17G00Z10.；	建立工件坐标系 G57
M98P2；	调用子程序 O0002 一次
M30；	
O0002；	子程序
G0X0.Y0；	
G1Z-5.F30；	
G41D1G1X-10.Y8.；	刀具半径补偿
G1X-35.；	
G02X-40.Y13.R5.；	
G1Y35.；	
G02X-35.Y40.R5.；	
G01X-13.；	
G02X-8.Y35.R5.；	
G1Y27.；	
G02X-10.8Y22.5R5.；	
G03X-22.5Y10.8R25.；	
G02X-27.Y8.R5.；	
G1X-40.；	
G40X-50.Y0；	
G0Z5.；	
M99；	

4. 仿真与加工

(1)建立工件坐标系,根据图纸分别建立四个坐标系如图 3-28 所示。

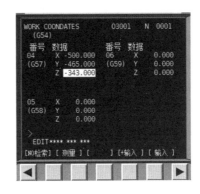

图 3-28　坐标系建立

(2)刀具半径补偿设置

1)粗加工刀具半径补偿设置

按 【OFFSET SETTING】进入刀具半径补偿界面,如图 3-29(a)所示,再按软体键【补正】光标移至"形状

(D)",输入刀补数值"5.200",按【INPUT】键输入。

(a) 粗加工　　　　　　　　　　　(b) 精加工

图 3-29　刀具半径补偿界面一

2)精加工刀具半径补偿设置

精加工刀具半径补偿设置有以下两种方法:

a)按 【OFFSET SETTING】进入刀具半径补偿界面,如图 3-29(b)所示,再按软体键【补正】光标移至"摩耗

(D)",输入刀补数值"−0.215",按【INPUT】键输入。

b)按 【OFFSET SETTING】进入刀具半径补偿界面,如图 3-30 所示,再按软体键【补正】光标移至"形状

(D)",输入刀补数值"4.985",按【INPUT】键输入。

（3）图形轨迹模拟如图 3-31 所示

图 3-30　刀具半径补偿界面二

图 3-31　轨迹模拟

（4）仿真加工，如图 3-32 所示

图 3-32　实体加工

（5）去除多余的毛坯

1）用扩大刀补去除多余毛坯的方法

在刀具补偿界面"形状（D）"，输入大于原刀具半径值的数据，再运行程序，达到去除毛坯的效果，如图 3-33 所示。

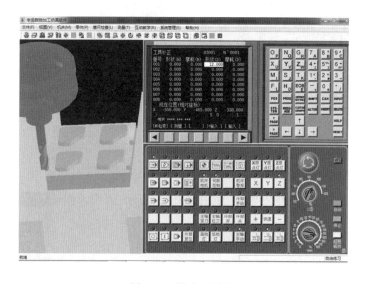

图 3-33　扩大刀补法

在用扩大刀补法去除毛坯时必须注意不要碰伤轮廓,应根据实际情况合理选用刀补参数。

2)手动去除多余毛坯的方法

如图 3-33 所示,在用扩大刀补的方法时不能完全去除毛坯,这时可以用手动的方法去除毛坯。

把刀具移动至工件外面,按 进入 MDI 方式,按 ,输入"G54G90G0Z-5",按 循环启动,使刀具精确移动到工件的底层,再用 手动方式移动 X 轴或 Y 轴去除多余毛坯,如图 3-34 所示为已用手动方式去除了毛坯,在手动去除毛坯过程中注意不要碰伤工件轮廓表面。

(6)仿真检测零件

1)在测量界面内选外卡——垂直测量——自动测量,再调整两测量尺脚的位置,就能获得当前读数,如图 3-35 所示。再移动测量尺脚分别对另外三个图形进行测量。

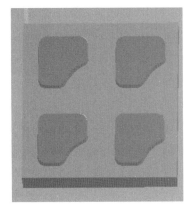

图 3-34 手动去除毛坯

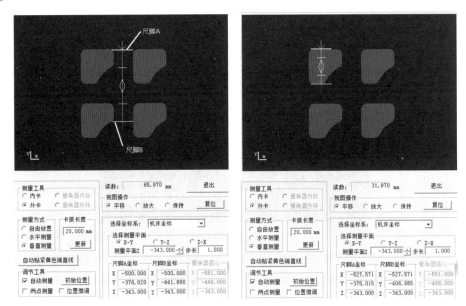

图 3-35 垂直测量

2)在测量界面内选外卡——水平测量——自动测量,再调整两测量尺脚的位置,就能获得当前读数,如图 3-36 所示。再移动测量尺脚分别对另外三个图形进行测量。

3)在测量界面内选外卡——垂直测量——自动测量——两点测量——选测量平面Y-Z——移动测量平面 X 测量平面X -532.000 ,使图形显示出工件的深度,再调整两测量尺脚的位置,就能获得当前读数,如图 3-37 所示。

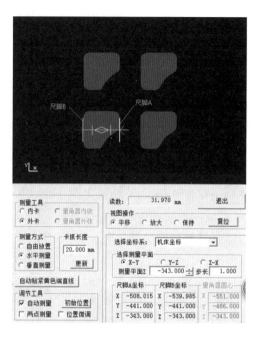

图 3-36　水平测量

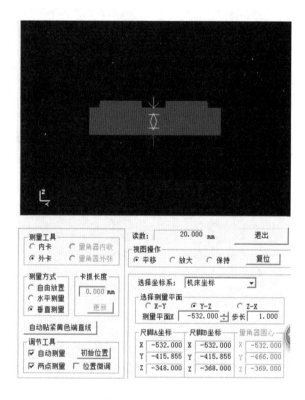

图 3-37　深度测量

作业练习

一、判断题

加工仿真验证后,只要用软件自带的后处理所生成的加工程序一般就能直接传输至数控机床进行加工。( )

二、单项选择题

1. 粗加工时刀具半径补偿值的设定是( )。

A. 刀具半径   B. 加工余量

C. 刀具半径＋加工余量   D. 刀具半径－加工余量

2. 数控程序调试时,采用"机床锁定(FEED HOLD)"方式下自动运行,( )功能被锁定。

A. 倍率开关   B. 冷却液开关   C. 主轴   D. 进给

3. 一般数控机床断电后再开机,首先回零操作,使机床回到( )。

A. 工件零点   B. 机床参考点   C. 程序零点   D. 起刀点

4. 数控仿真操作步骤的先后次序,下列( )的次序是可以的。

A. 输入编辑程序、回零操作、对刀和参数设置、选择安装工件和刀具

B. 对刀和参数设置、选择安装工件和刀具、回零操作、输入编辑程序

C. 回零操作、输入编辑程序、对刀和参数设置、选择安装工件和刀具

D. 选择安装工件和刀具、输入编辑程序、回零操作、对刀和参数设置

5. 下列关于数控加工仿真系统的叙述,正确的是( )。

A. 通过仿真对刀可检测实际各刀具的长度参数

B. 通过仿真试切可检测实际各刀具的刚性不足而引起的补偿量

C. 通过仿真运行可保证实际零件的加工精度

D. 通过仿真运行可保证实际程序在格式上的正确性

6. 在机床锁定方式下,进行自动运行( )功能被锁定。

A. 进给   B. 刀架转位   C. 主轴   D. 冷却液

7. 数控加工仿真系统是运用虚拟现实技术来操作"虚拟设备",而不能( )。

A. 检验数控程序   B. 检测工艺系统的刚性

C. 编辑预输入数控程序   D. 增加机床操作的感性认识

三、多项选择题

在辅助功能锁住状态下,( )无效不被执行。

A. M03   B. M00   C. S 代码   D. T 代码   E. M30

项目四 曲面铣削编程与调试

项目导学

❖ 掌握曲面加工的工艺知识;

❖ 能根据图纸要求判断加工的刀具和方向;

❖ 能加工简单的二维轮廓曲面;

❖ 能使用仿真软件检验加工程序。

模块 曲面零件加工程序的编制与仿真

模块目标

● 能在不同加工平面中准确判断圆弧插补方向

● 对各种含有二维轮廓曲面的零件能快速确定加工方向

● 掌握曲面程序的编制

● 掌握曲面零件的仿真加工

学习导入

● 二维轮廓曲面是机械零件中最基本的特征元素,是普通机械加工比较困难的内容,对零件中出现的二维曲面如何进行编程和加工,是本模块的重点。

任务一 曲面零件的程序编制

任务目标

1. 正确判断加工曲面的平面

2. 掌握曲面程序的编制

知识要求

● 掌握不同平面的选择

● 掌握图形在平面上的投影

● 掌握圆弧插补的方向

技能要求

● 能合理建立曲面在平面上的轮廓轨迹

● 掌握程序编写

任务描述

● 根据图纸,如图 4-1 所示,绘制出曲面在平面上加工轮廓的轨迹并写出基点坐标,并完成程序编写。

任务准备

● 图纸,如图 4-1 所示。

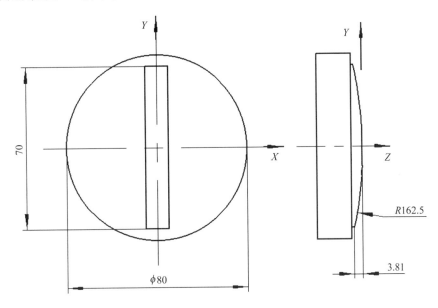

图 4-1　曲面零件图

任务实施

1. 操作准备

图纸、笔、尺。

2. 加工方法

手工作图,手工编程。

3. 操作步骤

(1)阅读与该任务相关的知识;

(2)分析图样;

(3)绘制刀路轨迹。

4. 任务评价(见表 4-1)

表 4-1　任务评价

序号	评价内容	配分	得分
1	选择合适的加工坐标平面	10	
2	正确投影出加工轮廓方向	5	
3	正确绘制出刀路轨迹图	5	
4	写出基点"1"坐标	5	

续表

序号	评价内容	配分	得分
5	写出基点"2"坐标	5	
6	写出基点"3"坐标	5	
7	写出基点"4"坐标	5	
8	写出基点"5"坐标	5	
9	写出基点"6"坐标	5	
10	程序编写	40	
11	职业素养	10	
合计		100	
总分			

注意事项：

G02 为顺时针方向圆弧插补，G03 为逆时针方向圆弧插补。方向判断是从垂直于圆弧加工平面的第三轴正方向看到的回转方向。

知识链接

一、判定圆弧插补的方向

插补平面选择 G17、G18、G19 指令。对于三坐标联动的铣床和加工中心，常用这些指令确定机床在哪个平面内进行插补运动。

例如，加工如图 4-2 所示零件，对应坐标平面如图 4-3 所示。当铣削圆弧面 1 时，就在 XY 平面内进行圆弧插补，应选用 G17；当铣削圆弧面 2 时，应在 YZ 平面内加工，选用 G19。数控系统开机默认 G17 状态。

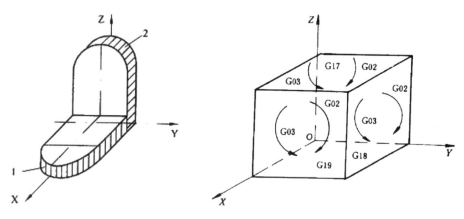

图 4-2 圆弧加工零件图   图 4-3 坐标平面选择

1. G17 表示选择 XY 平面；
2. G18 表示选择 XZ 平面；
3. G19 表示选择 YZ 平面。

二、曲面零件编程实例

1. 分析图纸

根据如图 4-4 所示轮廓进行分析,判断出凹曲面所在的轮廓平面为 XOZ 平面,即 G18 平面。

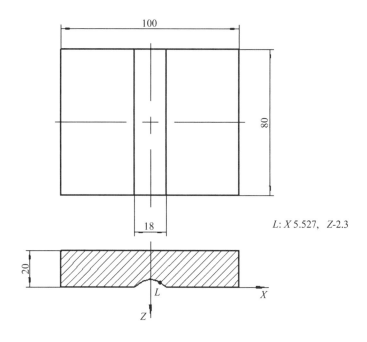

$L: X5.527, Z-2.3$

图 4-4　曲面实例图

2. 绘图

确认正确的加工平面,根据图纸 4-4 的曲线轮廓在 XOZ(G18)平面上从 Y 轴正方向向负方向,作出如图 4-5 所示的投影图并绘制出刀路轨迹图。

3. 写出基点坐标(见表 4-2)

表 4-2　基点坐标

基点	坐标
1	X15,Z10
2	X15,Z0
3	X9,Z0
L	X5.527,Z-2.3
—L	X-5.527,Z-2.3
4	X-9,Z0
5	X-15,Z0
6	X-15,Z10
0	X0

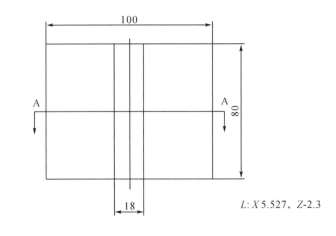

$L: X\,5.527,\ Z\text{-}2.3$

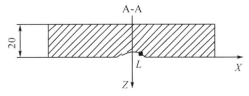

图 4-5　*XOZ* 平面刀路轨迹

4. 程序编写

主程序

O4001；

G54G18G90G0X0Y-41.Z10.；　　　　　运行至定位点

M03S1200；　　　　　　　　　　　　主轴 1200r/min

M98P820002；　　　　　　　　　　　调用子程序 82 次

M30；　　　　　　　　　　　　　　程序结束

子程序采用 R4 球形刀

O0002；

G90G41G01D1X15.F80；　　　　　　　点 1

G1Z0；　　　　　　　　　　　　　　点 2

G1X9.；　　　　　　　　　　　　　点 3

G1X5.527 Z-2.3；　　　　　　　　　点 L

G03X-5.527　Z-2.3 R10.；　　　　　点 —L

G01X-9. Z0；　　　　　　　　　　　点 4

G01X-15.；　　　　　　　　　　　　点 5

G01Z10.；　　　　　　　　　　　　点 6

G40G01X0；　　　　　　　　　　　　点 0

G91G01Y1.；　　　　　　　　　　　Y 轴步进增量

M99；　　　　　　　　　　　　　　返回主程序

作业练习

一、判断题

1. G17,G18,G19 指令不可用来选择圆弧插补的平面。（　　）

2. 刀具补偿有三个过程,是指 G41、G42 和 G40 三个过程。（　　）

3. 右手直角坐标系中的拇指表示 Z 轴。（　　）

4. 圆弧插补 G02 和 G03 的顺逆判别方向是:沿着垂直插补平面的坐标轴的负方向向正方向看去,顺时针方向为 G02,逆时针方向为 G03。（　　）

二、单项选择题

1. 在数控机床坐标系中平行机床主轴的直线运动的轴为（　　）。

A. X 轴　　　　　　B. Y 轴　　　　　　C. Z 轴　　　　　　D. U 轴

2. 在直角坐标系中 A、B、C 轴与 X、Y、Z 的坐标轴线的关系是前者分别（　　）。

A. 绕 X、Y、Z 的轴线转动　　　　　B. 与 X、Y、Z 的轴线平行

C. 与 X、Y、Z 的轴线垂直　　　　　D. 与 X、Y、Z 是同一轴,只是增量表示

3. G18 表示（　　）。

A. XY 平面　　　B. XZ 平面　　　C. YZ 平面　　　D. XYZ 平面

4. 绕 X 轴旋转的回转运动坐标轴是（　　）。

A. A 轴　　　　　B. B 轴　　　　　C. U 轴　　　　　D. I 轴

5. 数控机床的标准坐标系是以（　　）来确定的。

A. 右手笛卡尔直角坐标系　　　　　B. 绝对坐标系

C. 相对坐标系　　　　　　　　　　D. 极坐标系

6. G17,G18,G19 指令可用来选择（　　）的平面。

A. 曲面插补　　　B. 曲线所在　　　C. 刀具长度补偿　　D. 刀具半径补偿

7. 数控铣床的默认加工面是（　　）。

A. XY 平面　　　B. XZ 平面　　　C. YZ 平面　　　D. XYZ 平面

三、多项选择题

1. 数控铣床在执行下列（　　）指令前,应该先进行平面选择。

A. G00　　　　　　　B. G01　　　　　　　C. G02/G03

D. G40/G41/G42　　　E. G04

2. 绕 X、Y、Z 轴旋转的回转运动坐标轴是（　　）。

A. A 轴　　　　　　B. B 轴　　　　　　C. C 轴

D. D 轴　　　　　　E. E 轴

3. 普通数控机床能实现（　　）内的圆弧插补运算。

A. XY 平面　　　B. XZ 平面　　　C. YZ 平面　　　D. XYZ 三维空间

任务二　曲面零件的仿真加工及检验

任务目标

1. 掌握用仿真软件加工曲面

2. 掌握用仿真软件对曲面检测

知识要求

● 掌握曲面加工用的刀具
● 掌握曲面加工的工艺知识

技能要求

● 掌握刀具的选用
● 掌握仿真加工及检验

任务描述

● 根据任务一任务中图 4-1 所示图纸,完成仿真加工及检验。

任务准备

● 图纸,如图 4-1 所示。

任务实施

1. 操作准备

图纸、装有宇龙仿真软件的计算机。

2. 加工方法

仿真加工。

3. 操作步骤

(1)阅读与该任务相关的知识;

(2)分析图样;

(3)绘制刀路轨迹。

4. 任务评价(见表 4-3)

表 4-3　任务评价

序号	评价内容	配分	得分
1	坐标平面选择	10	
2	刀具半径补偿	10	
3	图形轨迹模拟	10	
4	仿真加工	40	
5	测量	10	
6	操作时间	10	
7	职业素养	10	
合计		100	
总分			

注意事项:

球头刀具的选用一定要注意刀头半径小于曲面的最小曲率半径。

知识链接

一、球头铣刀

球头铣刀如图 4-6 所示,是刀刃类似球头的装配于铣床上用于铣削各种曲面、圆弧沟槽的刀具。球头铣刀也叫 R 刀,可以铣削模具钢、铸铁、碳素钢、合金钢、工具钢、一般铁材,属于立铣刀。球头铣刀可以在高温环境下正常作业。

二、曲面的加工方法

采用三坐标数控铣床进行二轴半坐标控制加工,即行切加工法。球头铣刀沿平面的曲线进行直线插补加工,当一段曲线加工完后,再加工相邻的另一曲线,如此依次用平面曲线来逼近整个曲面。相邻两曲线间的距离应根据表面粗糙的要求及球头铣刀的半径选取。球头铣刀的球半径应尽可能选得大一些,以提高刀具刚度,提高散热性,降低表面粗糙度值。加工凹圆弧时的铣刀球头半径必须小于被加工曲面的最小曲率半径。

立体曲面加工应根据曲面形状、刀具形状以及精度要求采用不同的铣削方法。

两坐标联动的三坐标行切法加工 X、Y、Z 三轴中任意二轴做联动插补,第三轴做单独的周期进刀,称为二轴半坐标联动。如图 4-7 所示,将 X 向分成若干段,圆头铣刀沿 YZ 面所截的曲线进行铣削,每一段加工完成进给 ΔX,再加工另一相邻曲线,如此依次切削即可加工整个曲面。在行切法中,要根据轮廓表面粗糙度的要求及刀头不干涉相邻表面的原则选取 ΔX。行切法加工中通常采用球头铣刀。球头铣刀的刀头半径应选得大些,有利于散热,但刀头半径不应大于曲面的最小曲率半径。

图 4-6　球头铣刀

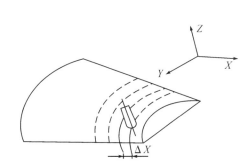

图 4-7　曲面行切法

用球头铣刀加工曲面时,总是用刀心轨迹的数据进行编程。如图 4-8 所示为二轴半坐标加工的刀心轨迹与切削点轨迹示意图。$ABCD$ 为被加工曲面,PYZ 平面为平行于 YZ 坐标面的一个行切面,其刀心轨迹 O_1O_2 为曲面 $ABCD$ 的等距面 $IJKL$ 与平面 PYZ 的交线,显然 O_1O_2 是一条平面曲线。在此情况下,曲面的曲率变化会导致球头刀与曲面切削点的位置改变,因此切削点的连线 ab 是一条空间曲线,从而在曲面上形成扭曲的残留沟纹。

由于二轴半坐标加工的刀心轨迹为平面曲线,故编程计算比较简单,数控逻辑装置也不复杂,常在曲率变化不大及精度要求不高的粗加工中使用。

三、曲面仿真加工实例

以如图 4-8 所示二轴半坐标加工图纸及 O4001 程序为例,仿真加工零件。

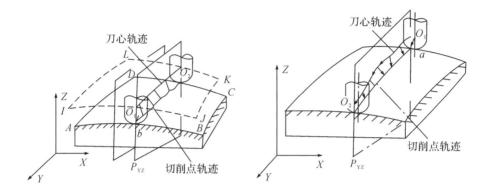

图 4-8　二轴半坐标加工

1. 安装工件

(1)定义毛坯尺寸、材料规格,如图 4-9 所示。

图 4-9　定义毛坯尺寸、材料规格

(2)安装夹具,因是板类零件,所以采用平口钳装夹零件,如图 4-10 所示。

(3)选择、安装零件。

选择零件、安装零件,如图 4-11 所示。

2. 安装刀具

选择刀具 ϕ8mm 球头刀,如图 4-12 所示。

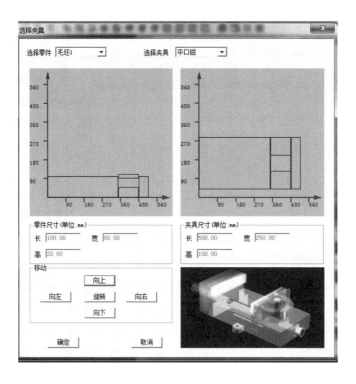

图 4-10　选择夹具

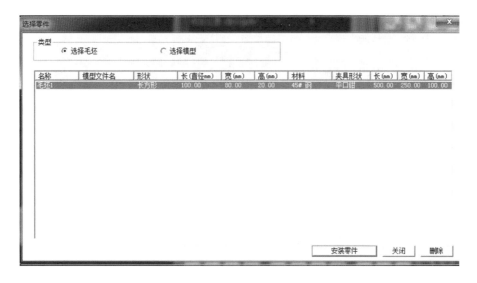

图 4-11　选择、安装零件

3. 工件坐标系 Z 坐标设置

如图 4-13 所示,球头铣刀的刀位点为球心, $\phi 8mm$ 球头刀的刀位点为刀具半径 4mm,对刀时选用 1mm 的塞尺,所以当对刀完成后在 G54 坐标系中输入"Z5",即塞尺 1mm＋刀具半径 4mm＝5mm,按 ⬛测量⬛ 软体键,系统自动计算获得 Z 轴的坐标系。

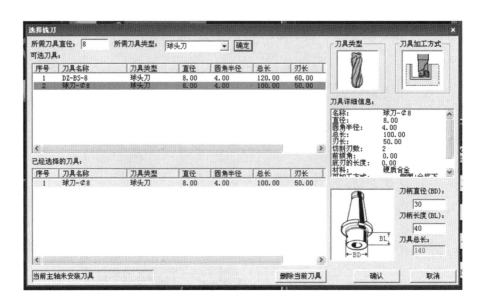

图 4-12　球头刀的选择

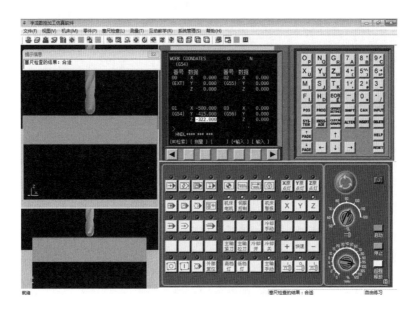

图 4-13　Z 轴坐标系设置

4. 仿真加工

进行仿真模拟加工,如图 4-14 所示。

5. 仿真检测零件

如图 4-15 所示,选择外卡——垂直测量——自动测量——两点测量——测量平面"Z-X"——移动测量平面"Y"直至显示曲面轮廓——移动测量尺脚,即可获得读数。

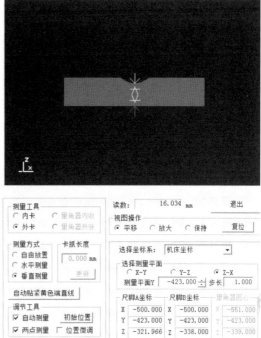

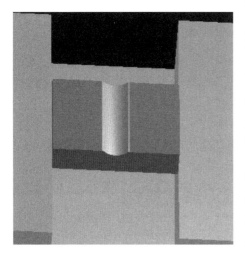

图 4-14 仿真加工

图 4-15 仿真检测

作业练习

根据如图 4-16 所示零件图,完成曲面零件编程及仿真加工

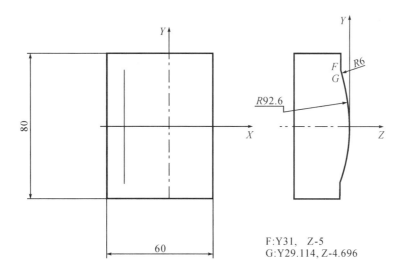

F:Y31, Z-5
G:Y29.114, Z-4.696

图 4-16 曲面程序编制加工练习

项目五　孔系铣削编程与调试

❖ 能掌握孔系加工的刀具选择；
❖ 能掌握孔系加工编程的基本指令；
❖ 能掌握孔系铣削的多种方式；
❖ 能使用仿真软件加工孔。

模块一　孔系加工的刀具与编程

模块目标

● 掌握孔系加工的常用刀具
● 能根据孔的特征选择孔系加工刀具
● 掌握孔的编程指令
● 会编制孔的加工程序

学习导入

● 数控铣床具有孔加工的功能，通过特定的功能指令可进行孔系的加工，如钻孔、扩孔、铰孔、镗孔和攻螺纹等。该项目主要是孔的数控加工，与普通机床相比，数控加工孔具有便捷性和准确性，大大减少了加工时间。通过孔加工具体案例，说明孔加工的方法、规范操作及注意事项等。

任务一　孔加工的常用刀具

任务目标

1. 掌握常用孔加工的刀具种类
2. 能合理选择孔加工的刀具

知识要求

● 掌握常用孔加工的刀具种类

技能要求

● 能合理选择孔加工的刀具

知识链接

一、孔的分类

内孔表面是组成机械零件的一种重要表面,在机械零件中有多种多样的孔。

按其几何特征的不同,可分为通孔、盲孔、阶梯孔、锥孔等;按其几何形状不同,可分为圆柱形孔、圆锥形孔、螺纹孔和成形孔等;按照孔与其他零件相对连接关系的不同,可分为配合孔与非配合孔。

常见的圆柱形孔有一般孔和深孔之分,长径比(孔深度与直径之比)大于 5 的孔为深孔,深孔很难加工。常见的成形孔有方孔、六边形孔、花键孔等。根据零件在机械产品中的作用不同,不同结构的孔有不同的精度和表面质量要求。

二、孔加工方法

内孔表面也是零件上的主要表面之一,根据零件在机械产品中的作用不同,不同结构的内孔有不同的精度和表面质量要求,同时也有不同的加工方法。这些方法归纳起来可以分为两类:一类是对实体工件进行孔加工,即从实体上加工出孔;另一类是对已有的孔进行半精加工和精加工。非配合孔一般是采用钻削加工,配合孔则需要在已加工孔的基础上,根据被加工孔的精度和表面质量要求,采用铰削、镗削、磨削等加工方法进行进一步加工。

三、孔加工刀具

1. 麻花钻

麻花钻如图 5-1 所示,是最常用的孔加工刀具,一般用于实体材料上孔的粗加工。钻孔的尺寸精度为 IT13~IT11,表面粗糙度 Ra 值为 50~12.5 μm。

麻花钻由柄部、颈部和工作部分组成,如图 5-2 所示。柄部是钻头的夹持部分,有直柄和锥柄两种型式,钻头直径大于 12mm 时常做成锥柄,小于 12mm 时做成直柄。颈部位于柄部和工作部分的过渡位置,是磨削柄部时砂轮的退刀槽,当柄部和工作部分采用不同材料制造时,颈部就是两部分的对焊处,钻头的标注也常注于此。

钻头的工作部分包括导向部分和切削部分。导向部分有两条螺旋槽和两条棱边,螺旋槽起排屑和输送切削液的作用,棱边起导向、修光孔壁的作用。导向部分有微小的倒锥度,以减少与孔壁的摩擦。切削部分由两条主切削刃、两条副切削刃、一条横刃、两个前刀面和两个后刀面组成。

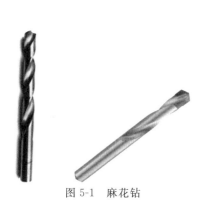

图 5-1　麻花钻

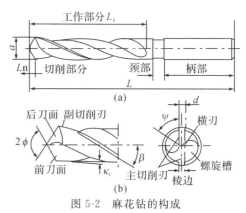

图 5-2　麻花钻的构成

2．扩孔钻

扩孔钻如图 5-3 所示,是用来对工件上已有孔进行扩大加工的刀具。扩孔后,孔的精度可达到 IT10～IT9,表面粗糙度 Ra 值可达到 $6.3～3.2\mu m$。

扩孔钻的构成如图 5-4 所示,没有横刃,加工余量小,刀齿数多(3～4 个齿),刀具的刚性及强度好,切削平稳。

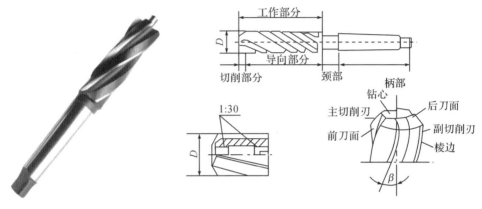

图 5-3　扩孔钻　　　　　　　　　　图 5-4　扩孔钻的构成

3．铰刀

铰刀是一种半精加工或精加工孔的常用刀具,铰刀的刀齿数多(4～12 个齿),加工余量小,导向性好,刚性大。铰孔后孔的精度可达 IT9～IT7,表面粗糙度 Ra 值达 $1.6～0.4\mu m$。

铰刀可分为手用铰刀(如图 5-5 所示)和机用铰刀(如图 5-6 和图 5-7 所示)两大类。铰刀分为三个精度等级,分别用于不同精度的孔的加工(H7、H8、H9)。在选用时,应根据被加工孔的直径、精度和机床夹持部分的型式来选用相适应的铰刀。

几种常用的铰刀如图 5-8 所示。

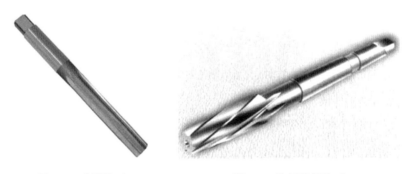

图 5-5　手用铰刀　　　　　　　　图 5-6　锥柄机用铰刀

4．镗刀

镗孔是常用的加工方法,其加工范围很广,既可以进行粗加工,也可以进行精加工。

镗刀的种类很多,根据结构特点及使用方式,可分为单刃镗刀(如图 5-9 所示)和双刃镗刀(如图 5-10 所示)等。单刃镗刀只有一个主切削刃,不论粗加工或精加工都能适用,但其

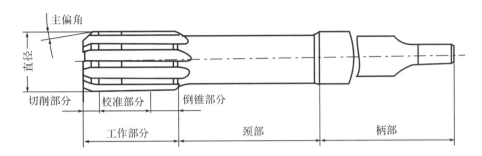

图 5-7　锥柄机用铰刀结构

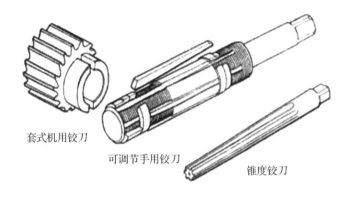

图 5-8　几种常用的铰刀

刚度差,容易产生弯曲变形,所以生产效率低。双刃镗刀两端都有切削刃,工作时基本上可消除径向力对镗杆的影响。其大多采用浮动结构,可以消除由于刀片的安装误差或刀杆的偏摆所带来的加工误差,保证了镗孔的精度。按加工精度,镗刀也可以分为粗镗刀(如图 5-11 所示)、精镗刀(如图 5-12 所示)和微调精镗刀(如图 5-13 所示)。

图 5-9　单刃镗刀

图 5-10　双刃镗刀

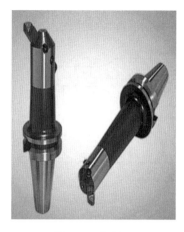

图 5-11 粗镗刀

图 5-12 精镗刀

图 5-13 微调精镗刀

四、孔加工的特点

由于孔加工是对零件内表面的加工,对加工过程的观察、精度控制困难,加工难度要比外圆表面等开放型表面的加工大得多。孔的加工过程主要有以下几方面的特点:

1. 孔加工刀具多为定尺寸刀具,如钻头、铰刀等,在加工过程中,刀具磨损造成的形状和尺寸的变化会直接影响被加工孔的精度。

2. 由于受被加工孔直径大小的限制,切削速度很难提高,影响加工效率和加工表面质量,尤其是在对较小的孔进行精密加工时,为达到所需的速度,必须使用专门的装置,对机床的性能也提出了很高的要求。

3. 刀具的结构受孔的直径和长度的限制,刚性较差。在加工时,由于轴向力的影响,容易产生弯曲变形和振动,孔的长径比(孔深度与直径之比)越大,刀具刚性对加工精度的影响就越大。

4. 孔加工时,刀具一般是在半封闭的空间工作,切屑排除困难;冷却液难以进入加工区域,散热条件不好。切削区热量集中,温度较高,影响刀具的耐用度和钻削加工质量。

任务二 孔系零件加工程序的编制

任务目标

1. 掌握钻孔的加工工艺
2. 掌握孔加工的指令
3. 能选用合理的指令编写孔加工程序

知识要求

● 掌握钻孔的加工工艺
● 掌握孔加工的指令

技能要求

● 能选用合理的指令编写孔加工程序

任务描述

● 选用合理的孔加工刀具完成如图 5-1 所示图纸的钻孔程序编写及仿真轨迹模拟。

任务准备

● 图纸,如图 5-14 所示。

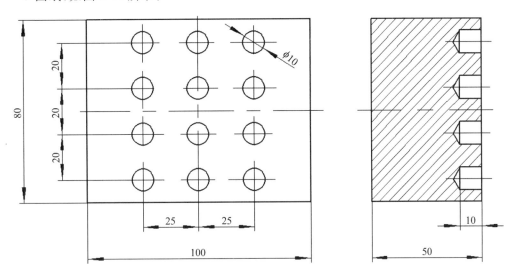

图 5-14 钻孔练习图

任务实施

1. 操作准备

图纸、装有宇龙数控仿真系统的计算机。

2. 加工方法

手工编程。

3. 操作步骤

(1)阅读与该任务相关的知识;

(2)分析图纸。

1)确定加工路线;

2)计算各基点的(X、Y)坐标值;

3)编写程序;

4)仿真模拟轨迹。

4. 任务评价(见表 5-1)

表 5-1 任务评价表

序号	评价内容	配分	得分
1	刀具选择合理	20	
2	钻孔循环指令选择合理	20	
3	走刀路线合理	25	

续表

序号	评价内容	配分	得分
4	程序编制	25	
5	职业素养	10	
合计		100	
总分			

注意事项：

孔加工在生产中具有重要意义，依据孔的精度要求不同，对孔制定的加工工艺路线也有所差异，要视情况而定。

知识链接

一、孔加工循环指令

铣床常用的固定循环指令能完成的工作有：钻孔、扩孔、铰孔、镗孔等，这些循环通常包括六个基本步骤，如表 5-2 所示。

步骤 1……快速定位

步骤 2……快速移到 R 点（安全平面）

步骤 3……加工孔

步骤 4……孔底的动作

步骤 5……返回 R 点（安全平面）

步骤 6……快速移到起始点

表 5-2　铣床钻孔加工步骤

1. 钻孔循环指令 G81

G81 钻孔加工循环指令格式为：

G81 G△△ X＿ Y＿ Z＿ R＿ F＿

X，Y 为孔的位置，Z 为孔的深度，F 为进给速度（mm/min），R 为参考平面的高度。

G△△可以是 G98 和 G99，G98 和 G99 两个模态指令控制孔加工循环结束后刀具是返回初始平面还是参考平面；G98 返回初始平面，为缺省方式；G99 返回参考平面。

编程时可以采用绝对坐标 G90 和相对坐标 G91 编程，建议尽量采用绝对坐标编程。

其动作过程见表 5-3。

表 5-3 钻孔循环、点钻循环

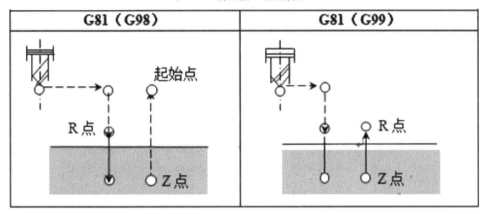

该指令一般用于加工孔深小于 5 倍直径的孔。

2. 钻孔循环指令 G82

G82 钻孔加工循环指令格式为：

G82 G△△ X __ Y __ Z __ R __ P __ F __

在指令中 P 为钻头在孔底的暂停时间，单位为 ms(毫秒)，其余各参数的意义同 G81。其动作过程见表 5-4。

表 5-4 钻孔循环、锪孔循环

G82（G98）	G82（G99）
起始点 R点 P Z点	R点 P Z点

该指令在孔底加进给暂停动作，即当钻头加工到孔底位置时，刀具不作进给运动，并保持旋转状态，使孔底更光滑。G82 一般用于扩孔和沉头孔加工。

3. 高速深孔钻循环指令 G73

对于孔深大于 5 倍直径孔的加工，由于是深孔加工，不利于排屑，故采用间段进给(分多次进给)，每次进给深度为 Q，最后一次进给深度$\leq Q$，退刀量为 d(由系统内部设定)，直到孔底为止。

G73 高速深孔钻循环指令格式为：

G73 G△△ X __ Y __ Z __ R __ Q __ F __

在指令中 Q 为每次进给深度，其余各参数的意义同 G81。

其动作过程见表 5-5。

表 5-5　高速啄进钻孔循环

G73（G98）	G73（G99）

4. FANUC 0i 系统数控铣床的钻孔固定循环指令表（见表 5-6）

表 5-6　孔系加工代码

G 码	加工动作	孔底动作	退刀动作	应用
G73	间歇进给	——	快速进给	高速深孔加工
G74	切削进给	暂停→主轴正转	切削进给	左旋螺纹攻牙
G76	切削进给	主轴准停→刀具位移	快速进给	精镗孔
G80	——	——	——	取消固定循环
G81	切削进给	——	快速进给	钻孔
G82	切削进给	暂停	快速进给	锪孔、阶梯孔
G83	间歇进给	——	快速进给	深孔加工
G84	切削进给	暂停→主轴反转	切削进给	右旋螺纹攻牙
G85	切削进给	——	切削进给	镗孔
G86	切削进给	主轴停止	快速	镗孔
G87	切削进给	刀具位移→主轴正转	快速	反镗孔
G88	切削进给	暂停→主轴停止	手动	镗孔
G89	切削进给	暂停	切削进给	镗孔

二、实例应用

根据如图 5-15 所示图纸完成点钻程序编制。

1. 图纸识读

图纸的分析可以看出，本零件由 3 列 4 组 12 个点孔组成，点孔深度为 5mm，孔距 X 向为 25mm，Y 向 20mm。毛坯尺寸 100mm×80mm×50mm。

2. 工艺分析

(1)零件的结构、技术要求分析

该点孔零件为 3 列 4 行 12 个 $\phi10$ 的均布点孔位，没有公差要求和形位公差要求，只是为后续钻孔定心做准备，外形无须加工。

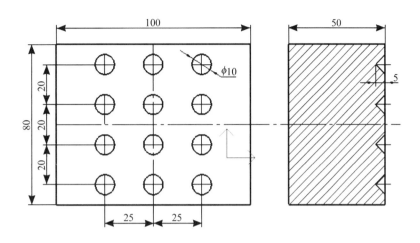

图 5-15　点钻实例图

（2）切削工艺分析

1）装夹工具：由于是方形毛坯，所以采用机用平口钳夹紧毛坯。

2）加工方案的选择：采用一次装夹完成。

3）建立工件坐标系原点：工件坐标系原点建立在方形毛坯的上表面中心。

4）为保证点孔锥面圆整，在底部停顿 2 秒，所以钻孔循环（G82）指令编制程序

（3）刀具的选择

$\phi 3$ 定心钻

3. 程序编制

O5001；

G54G90G17；

M03S1200；

G0X-25.Y-30.；

G99G82R5.Z-5.P2F80；

Y-10.；

Y10.；

Y30；

X0；

Y10.；

Y-10.；

Y-30.；

X25.；

Y-10.；

Y10.；

Y30.；

G80G0Z50；

M30；

4. 仿真操作

将点孔程序输入仿真系统检查程序。

作业练习

一、判断题

孔加工循环指令为非模态指令。 （　　）

二、单项选择题

1. 如果要用数控钻削 5mm, 深 4mm 的孔时, 钻孔循环指令应选择（　　）。

A. G81　　　　　　B. G74　　　　　　C. G76　　　　　　D. G84

2. 对一个厚度为 10mm, Z 轴零点在下表面的零件钻孔, 其中一段程序为"G90 G83 X10.0 Y20.2 Z4.0 R13.0 Q3.0 F100.0;", 其含义是（　　）。

A. 啄钻, 钻孔位置在(10,20)点上, 钻头尖钻到 $Z=4.0$ 的高度上, 安全间隙面在 $Z=13.0$ 的高度上, 每次啄钻深度为 3mm, 进给速度为 100mm/min

B. 啄钻, 钻孔位置在(10,20)点上, 切削深度为 4mm, 安全间隙面在 $Z=13.0$ 的高度上, 每次啄钻深度为 3mm, 进给速度为 100mm/min

C. 啄钻, 钻孔位置在(10,20)点上, 切削深度为 4mm, 刀具半径为 13mm, 进给速度为 100mm/min

D. 啄钻, 钻孔位置在(10,20)点上, 钻头尖钻到 $Z=4.0$ 的高度上, 工作表面 $Z=13.0$ 的高度上, 刀具半径为 3mm, 进给速度为 100mm/min

3. 在钻孔加工时, 刀具自快进转为工进的高度平面称为（　　）。

A. 初始平面　　　B. 抬刀平面　　　C. R 平面　　　D. 孔底平面

模块二　孔系零件仿真加工

模块目标

- 能根据图纸分析孔的加工工艺
- 能合理选择孔加工刀具
- 掌握孔系零件的仿真加工

学习导入

- 孔加工是数控加工的基本内容, 也是生产活动中常见的加工项目, 对于有些零部件来说, 孔的加工质量直接影响机械产品的最终使用效果, 在生产中具有重要意义, 例如工艺孔等。因此, 掌握孔加工的方法和熟练操作, 对于掌握数控加工是一项重要技能。

任务　孔的仿真加工及检验

任务目标

1. 掌握用仿真软件加工出符合要求的孔

2. 掌握用仿真软件对零件检测

知识要求

● 掌握孔的加工工艺

技能要求

● 能用仿真软件进行孔的加工及检验

任务描述

● 根据如图 5-16 所示的图纸,编制程序、进行仿真加工,并完成孔径尺寸的检测。

任务准备

● 图纸,如图 5-16 所示。

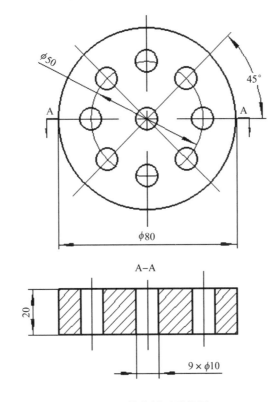

图 5-16　钻孔循环零件图

任务实施

1. 操作准备

图纸、装有宇龙数控仿真系统的计算机。

2. 加工方法

手工编程,仿真模拟加工。

3. 操作步骤

(1)阅读与该任务相关的知识;

(2)分析图纸。

1)确定加工工艺

2）编制程序

3）图形轨迹模拟

4）仿真加工

5）检测

4. 任务评价（见表 5-7）

表 5-7　任务评价表

序号	评价内容	配分	得分
1	加工工艺	10	
2	坐标点计算	10	
3	程序编制	25	
4	图形轨迹模拟	10	
5	仿真加工	15	
6	测量	10	
7	操作时间	10	
8	职业素养	10	
合计		100	
总分			

注意事项：

孔的加工在数控加工中非常普遍，根据孔的基本尺寸简单地分有深孔、浅孔；根据孔穿通与否分为通孔、盲孔；另外还有圆锥孔、圆柱孔、普通孔与台阶孔等。孔的加工方法与工艺分析有所不同，编程基点计算方法也有所不同，刀具的选择也就不同。

知识链接

一、孔加工路线

孔加工时，要求定位精度较高，将刀具在 XY 平面快速定位到孔中心线的位置，因此要求按空行程最短安排进给路线，然后刀具再轴向（Z）运动进行加工。进给路线要考虑如下几个问题。

1. 孔的位置的确定及坐标值的计算

孔距尺寸公差的转换：一般孔尺寸都已经给出，但常有孔距尺寸的公差或对基准尺寸距离的公差是不对称性尺寸公差，为此，应将其转换为对称性尺寸公差，用中差值进行编程。例如：某零件图上两孔间距尺寸为 $L=80+0.055+0.027$mm，应换成 $L=(80.041\pm0.014)$mm，用 80.041 编程。孔位置尺寸的两种计算方法如下。

绝对值表示方法，以工件坐标系原点为基准。孔位置以绝对值表示，这是因为，加工精度不受前一孔的影响，而且容易查出刀具位置。误差增量值表示方法，后一孔的位置以前一个孔为基准。它适宜于加工特征如孔、槽或轮廓重复出现的一些工件。主要缺点是有任何一点的误差都会继续延伸到这些点以后的所有程序点，误差产生累加，定位误差很难检查出来，尤其在大的数控程序中。

2. 孔加工轴向距离尺寸的确定 孔加工编程时还要计算刀具快速趋进距离 Z_s 和刀具工作进给距离 Z_f

Z_s 的计算公式为
$$Z_s = Z_0 - (Z_T + Z_d + \Delta Z)$$

式中：Z_d——工件及夹具高度尺寸，mm；

ΔZ——工件轴向切入长度（也称为安全尺寸），mm；

Z_0——刀具主轴断端面刀工作台面的距离，mm；

Z_T——刀具长度，mm；

Z_s 除可按上式计算外，也可以在加工现场实测确定。

Z_f 的计算公式为
$$Z_f = Zp + \Delta Z' + Zd + \Delta Z$$

式中：Zp——钻头尖端锥度部分的长度，mm；一般取 $Zp = 0.3D$，平端刀具 $Zp = 0$；

ΔZ——刀具轴向切入距离（也称为安全尺寸），mm；

Zd——工件中被加工孔的深度，mm；

$\Delta Z'$——刀具轴向切出距离，mm，若为盲孔则为 0。

3. 走刀路线

加工位置精度要求较高的孔系时，应特别注意安排孔的顺序。若安排不当，将坐标轴的反向间隙带入，会影响孔系的位置精度。

走刀路线包括 XY 平面上的走刀路线和 Z 向的走刀路线。Z 向的走刀路线要最短，只需严格控制刀具相对于工件在 Z 向的切入、切出距离即可。要使刀具在 XY 平面上走刀路线最短，必须保证各定位点间路线的总长最短。

二、孔系加工仿真应用

1. 确定加工方案

从图 5-17 可知本零件的孔直径 $\phi 8$mm，深度为 12mm，在零件中心呈圆周均布，起始角度 45°，为方便计算与编程采用 G16 极坐标方式。底部锥面保证其圆整，使用 G82 钻孔循环指令（底部可停留）。

2. 根据图样要求使用 $\phi 8$ 麻花钻加工，切削用量确定主轴转速 S=800r/min，进给量 F=80mm/min，工件坐标系以零件上表面中心为 0 点。

3. 编写程序见表 5-8。

表 5-8 钻孔程序

程序	说明
O5002；	
G54 G90 G17 G80 G40；	G19 YOZ 平面
M03 S800；	主轴 800r/min
G0 X0 Y0 Z20.；	快速移动到定位点
G90 G17 G16；	建立极坐标
G82 G99 X11. Y45. Z-12. R5. P200 F80；	钻孔循环，深度−12mm、安全平面 5、底部停留 2 秒，钻起始点 45°
Y135.；	第二点，135°

续表

程序	说明
Y225.；	第三点，225°
Y315.；	第四点，315°
G15 G80；	取消极坐标，取消钻孔循环
G0 Z100.；	
M05；	
M30；	

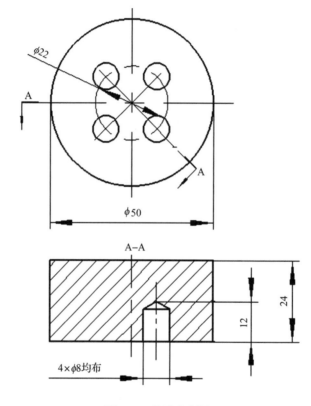

图 5-17　钻孔实例图

4. 输入程序仿真系统并进行图形模拟，如图 5-18 所示

5. 仿真加工

(1)安装工件

1)定义毛坯尺寸、材料规格，如图 5-19 所示

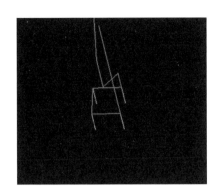

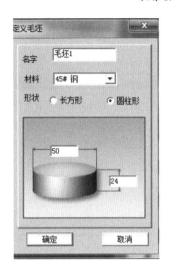

图 5-18　仿真图形轨迹模拟　　　图 5-19　定义毛坯尺寸、材料规格

2）夹具安装，因是盘形零件，所以采用三爪自定心卡盘装夹零件，如图 5-20 所示

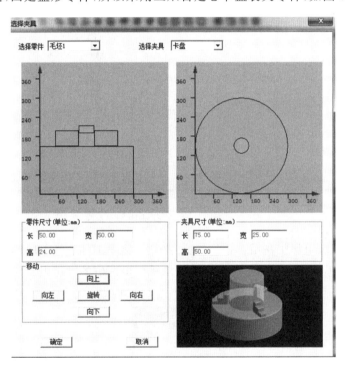

图 5-20　选择夹具

3）选择、安装零件，如图 5-21 所示

（2）安装刀具

选择刀具 $\phi8$ 钻头，如图 5-22 所示

（3）工件坐标系设置

前面介绍了板类零件的对刀，可以用刀具和塞尺直接找准工件位置，建立工件坐标系。

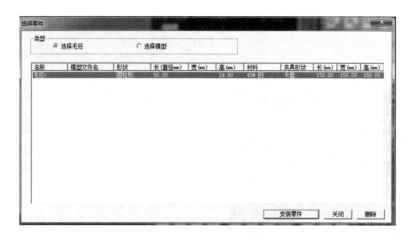

图 5-21　选择、安装零件

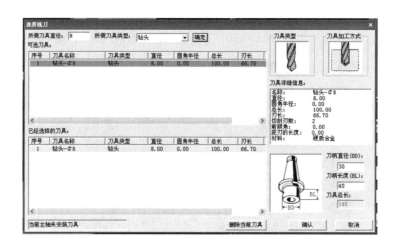

图 5-22　刀具选用

但是盘类零件在机床上加工是用百分校正工件中心,建立工件坐标系的,而仿真软件上这些是无法操作的,这里就介绍用测量平面直接记录机械坐标值的方法来建立工件坐标系。

1)X、Y 轴工件坐标系设置。

选择"测量"—"剖面图测量"

a)X 轴原点机械坐标值如图 5-23 所示:测量工具选择"外卡",测量方式选择"水平测量",调节工具选择"自动测量"。图中,尺脚 A,X 轴机械坐标值为 -475.000,尺脚 B,X 轴机械坐标值为 -525.000,因此原点 X 轴机械坐标值为:$[-475+(-525)]/2=-500$。

b)Y 轴原点机械坐标值如图 5-24 所示:测量工具选择"外卡",测量方式选择"垂直测量",调节工具选择"自动测量"。图中,尺脚 A,Y 轴机械坐标值为 -390.000,尺脚 B,Y 轴机械坐标值为 -440.000,因此原点 Y 轴机械坐标值为:$[-390+(-440)]/2=-415$。

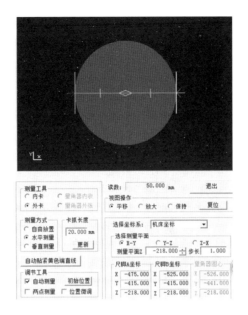

图 5-23 X 轴原点机械坐标值

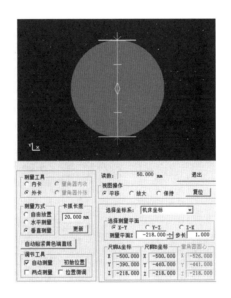

图 5-24 Y 轴原点机械坐标值

按 [OFFSET SETTING] 键选择[坐标系]移动光标至 G54 中 X 位置输入"－500.",光标至 G54 中 Y 位置输入"－415."。

2)Z 轴工件坐标系设置。

选择"测量"—"剖视图测量"。选择测量平面 X-Y ，点击测量平面 Z －214.000 右侧向上的箭头,直至将测量基准面移动到工件的上表面。此时的读数为 Z0 的机械坐标值如图 5-25 所示。

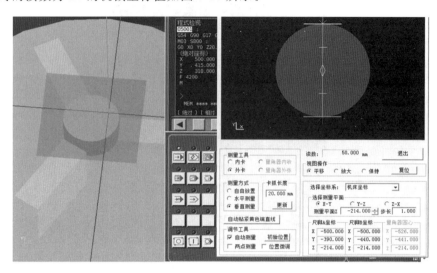

图 5-25　Z 轴机械坐标值

按 **OFFSET SETING** 键选择 **[坐标系]** 移动光标至 G54 中 Z 处,输入"−214."。

(4)仿真加工

进行仿真模拟加工如图 5-26 所示。

(5)仿真检测零件

1)如图 5-27 所示测量孔径尺寸时,选择内卡——水平测量——自动测量——两点测量——位置微调——测量平面"X-Y",移动测量尺脚至最合适的位置,即可获得读数。

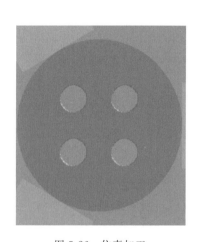

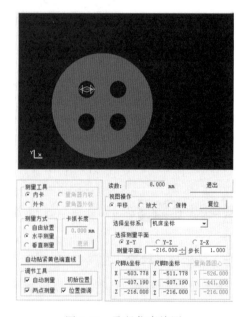

图 5-26　仿真加工　　　　　　图 5-27　孔径仿真检测

2）如图 5-28 所示测量深度,选择外卡——垂直测量——自动测量——两点测量——测量平面"Y-Z",移动测量平面 X 的坐标,直至显示零件的深度即可——移动测量尺脚至最合适的位置,即可获得读数。

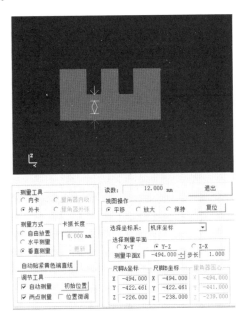

图 5-28　深度仿真检测

作业练习

一、判断题

在孔系加工时,螺纹攻丝采用固定循环 G83 指令。(　　　)

二、单项选择题

1. 如果要用数控钻削 5mm,深 40mm 的孔时,钻孔循环指令应选择(　　　)。

A. G81　　　　　　B. G82　　　　　　C. G83　　　　　　D. G84

2. "G90 G99 G83 XYZRQF"中 Q 表示(　　　)。

A. 退刀高度　　　　　　　　　　B. 孔加工循环次数

C. 孔底暂停时间　　　　　　　　D. 刀具每次进给深度

三、多项选择题

除可用 G80 指令取消固定循环以外,当执行下列(　　　)指令后,固定循环功能也被取消。

A. G00　　　　　　　B. G01　　　　　　C. G02

D. G03　　　　　　　E. G04

四、编程与仿真加工

根据如图 5-29 所示零件图,完成零件钻孔编程及仿真加工。

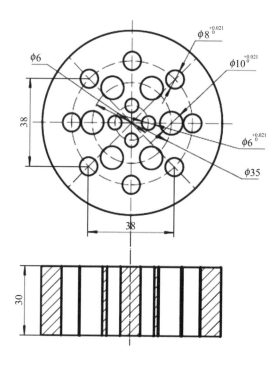

图 5-29　钻孔程序编制加工练习

项目六　典型零件编程与调试

项目导学

❖ 能掌握典型零件的工艺分析；
❖ 能掌握典型零件的程序编制；
❖ 能掌握典型零件的仿真加工；
❖ 能掌握典型零件的仿真加工检测。

模块一　板类零件的编程与调试

模块目标

● 掌握板类零件的加工工艺分析
● 掌握板类零件的程序编制
● 掌握板类零件的仿真加工
● 掌握仿真零件的测量

学习导入

通过前几个项目知识的学习，现要把所学的知识点运用到综合零件中去，熟练提高编程能力及仿真软件的使用。

任务　板类零件的编程与调试

任务目标

1. 掌握板类零件的程序编制
2. 掌握板类零件的仿真加工

知识要求

● 掌握板类零件的加工工艺

技能要求

● 能编制板类零件的程序
● 能进行仿真加工及测量

任务描述

● 按照如图 6-1 所示的图纸，编制程序，并进行仿真加工及检测。

任务准备

图纸。

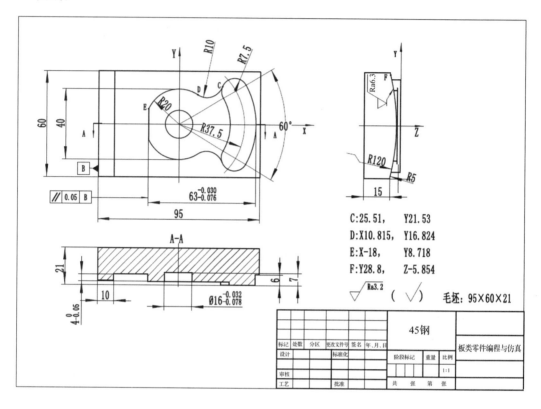

图 6-1　板类零件编程与仿真

任务实施

1. 操作准备

图样、装有宇龙数控仿真系统的计算机。

2. 加工方法

手工编程,仿真模拟加工及测量。

3. 操作步骤

(1)阅读与该任务相关的知识;

(2)分析图样;

(3)编制程序;

(4)图形轨迹模拟;

(5)仿真加工;

(6)检验。

4. 任务评价(见表 6-1、6-2)

表 6-1　客观评分表

编号	配分	评分细则描述	规定或标称值	得分
01	10	二维外轮廓程序运行轨迹 · 完成运行,进退刀合理,轮廓形状正确给 6 分,错一处扣 1 分,扣完为止 刀具半径补偿正确给 4 分,不正确不给分	正确	
02	10	二维内轮廓程序运行轨迹 · 完成运行,进退刀合理,轮廓形状正确给 6 分,错一处扣 1 分,扣完为止 刀具半径补偿正确给 4 分,不正确不给分	正确	
03	5	曲面程序运行轨迹 · 完成运行,形状正确给 5 分,不正确不给分	正确	
04	9	程序结构 · 曲面加工使用子程序编程给 3 分,否则酌情扣分 · 参数设定合理给 3 分,否则酌情扣分 · 有明显空刀现象扣 3 分	正确、合理	
05	10	工件外轮廓仿真加工 · 完成加工,轮廓形状正确给 6 分,错一处扣 1 分,扣完为止 · 刀具半径补偿正确给 4 分,不正确不给分	正确、完整	
06	10	工件内轮廓仿真加工 · 完成加工,轮廓形状正确给 6 分,错一处扣 1 分,扣完为止 · 刀具半径补偿正确给 4 分,不正确不给分	正确、完整	
07	6	曲面仿真加工 · 完成加工,形状正确给 6 分,不正确不给分	正确、完整	
08	10	轮廓余料 · 轮廓余料完整切除给 10 分,切除不完整的酌情扣分	完整	
09	5	· 保证 $63^{-0.03}_{-0.076}$ 尺寸公差得 5 分,否则不得分	$63^{-0.03}_{-0.076}$	
010	5	· 保证 $\phi16^{-0.032}_{-0.078}$ 尺寸公差得 5 分,否则不得分	$\phi16^{-0.032}_{-0.078}$	
011	5	· 保证 $4^{0}_{-0.05}$ 尺寸公差得 5 分,否则不得分	$4^{0}_{-0.05}$	
012	5	其他尺寸 · 一个尺寸不正确扣 1 分,扣完为止	正确	
合计配分	90	总得分		

表 6-2　主观评分表

编号	配分	评分细则描述	评分	最终得分
S1	4	文明操作电脑		
S2	3	零件加工完整		
S3	3	熟练使用仿真软件		
合计配分	10	总得分		

注意事项：

编写加工程序，一次装夹只允许一个主程序。

知识链接

根据如图 6-2 所示图纸，完成零件的编程与调试。

一、工艺分析

1. 零件的加工要求

铣削加工零件如图 6-2 所示，零件材料为 45 钢，加工面上有一层外轮廓凸台，深度为 4mm，长度有公差要求；外轮廓内部有一个宽度有公差要求的内轮廓，深度为 3mm；在外轮廓四周分布了 4 个键槽，深度为 7mm；在凸台上有 3 个 $\phi8mm$ 的孔，深度为 10mm。

2. 选择加工设备

设备类型选择数控铣床 FANUC-0i，零件毛坯尺寸 100mm×80mm×20mm。

3. 定位基准与工件坐标系

由于长方形板状零件的加工轮廓对称于零件的中心线，设定工件上表面的中心原点为工件坐标系原点。

4. 定位与装夹

以工件安装位置底平面为定位基准，用平口钳夹紧工件。

毛坯料上表面伸出高度计算公式：坯料上表面伸出高度＞零件凸台高度。

5. 刀具选用

(1)由于零件轮廓凹圆弧的最小半径为 R5mm，考虑零件的加工面不大，选用 $\phi8mm$ 键槽铣刀较为合理

(2)4 个键槽没有精度要求，选用 $\phi8mm$ 的键槽铣刀直接加工。

(3)3 个 $\phi8mm$ 的孔没有精度要求，选用 $\phi8mm$ 的麻花钻。

6. 选用切削用量

根据零件图纸的技术要求，采用粗加工与半精加工的加工方法，选择高速钢键槽铣刀，铣削切削用量选用见表 6-3。

表 6-3　铣削切削用量选用

刀具	粗加工		精加工	
	转速 （r/min）	进给速度 （mm/min）	转速 （r/min）	进给速度 （mm/min）
$\phi8mm$ 键槽铣刀	1000	60	1200	80
$\phi8mm$ 麻花钻			1000	50

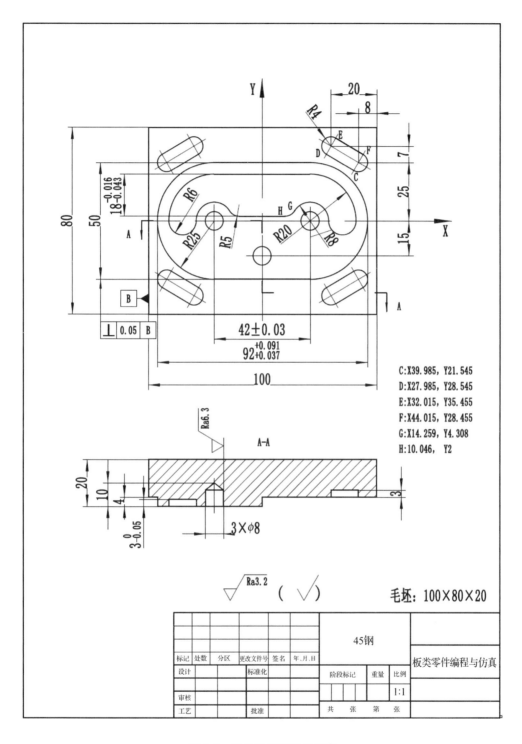

C:X39.985, Y21.545
D:X27.985, Y28.545
E:X32.015, Y35.455
F:X44.015, Y28.455
G:X14.259, Y4.308
H:10.046, Y2

图 6-2　板类零件编程与仿真

二、填写工艺卡（见表 6-4）

表 6-4 数控加工工艺卡

板类零件编程与仿真数控加工工艺卡				零件代号		材料名称	零件数量
				4		5 钢	1
设备名称	数控铣床	系统型号	FANUC-0i	夹具名称		平口钳	毛坯尺寸	$100\times80\times20$
工序号	工序内容			刀具号	主轴转速/(r/min)	进给量/(mm/min)	背吃刀量/(mm)	备注
一	1. 以底面为基准,平口钳装夹工件 $100\times80\times20$ 毛坯,以工件上表面中心原点建立工件坐标系 G54							
	2. 粗加工外轮廓留 0.2mm 余量			T01	1000	60	2	
	3. 精加工外轮廓至图纸尺寸要求			T01	1200	80	0.2	
	4. 粗加工内轮廓留 0.2mm 余量			T01	1000	60	2	
	5. 精加工内轮廓至图纸尺寸要求			T01	1000	80	0.2	
	6. 换 $\phi 8$ 键槽铣刀,以工件上表面为 Z0,建立坐标系 G55							
	7. 加工 4 个键槽至图纸尺寸要求			T01	1200	50	2	
	8. 换 $\phi 8$ 麻花钻,以工件上表面为 Z0,建立坐标系 G56							
	9. 加工 $3\times\phi 8$ 孔至图纸尺寸要求			T02	1000	50	4	
二	去锐、入库							
编制		审核		批准		年 月 日	共 1 页	第 1 页

三、填写刀具卡（见表 6-5）

表 6-5 数控刀具卡

序号	刀具号	刀具名称	刀具规格	刀具材料	备注
1	T01	键槽铣刀(平底刀)	$\phi 8$	高速钢	
2	T02	麻花钻	$\phi 8$	高速钢	
编制		审核		批准	年 月 日 共 1 页 第 1 页

四、走刀路线与基点坐标

1. 铣削外轮廓凸台的走刀路线如图 6-3 所示,基点坐标见表 6-6。

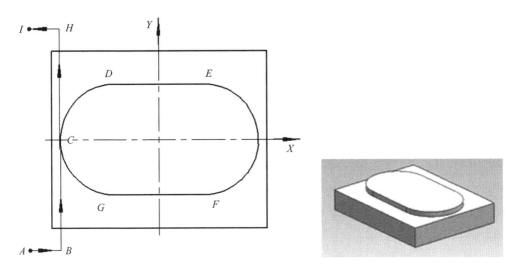

图 6-3　铣削外轮廓凸台的走刀路线

表 6-6　铣削外轮廓凸台的走刀路线基点坐标

序号	编号	绝对坐标		序号	编号	绝对坐标	
		X	Y			X	Y
1	A	-60	-50	6	F	21	-25
2	B	-46	-50	7	G	-21	-25
3	C	-46	0	8	C	-46	0
4	D	-21	25	9	H	-46	50
5	E	21	25	10	I	-60	50

2.铣削内轮廓的走刀路线如图 6-4 所示,基点坐标见表 6-7。

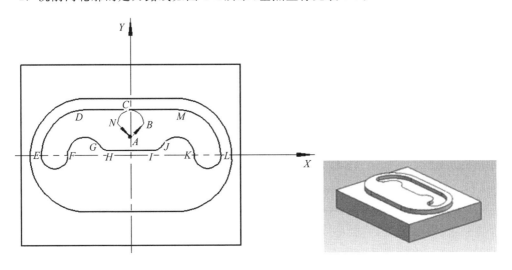

图 6-4　铣削内轮廓的走刀路线

表 6-7　铣削内轮廓的走刀路线基点坐标

序号	编号	绝对坐标		序号	编号	绝对坐标	
		X	Y			X	Y
1	A	0	8	9	I	10.046	2
2	B	6	14	10	J	14.259	4.308
3	C	0	20	11	K	29	0
4	D	−21	20	12	L	41	0
5	E	−41	0	13	M	21	20
6	F	−29	0	14	C	0	20
7	G	−14.259	4.308	15	N	−6	14
8	H	−10.046	2				

3. 铣削 4 个键槽走刀路线如图 6-5 所示,基点坐标见表 6-8。

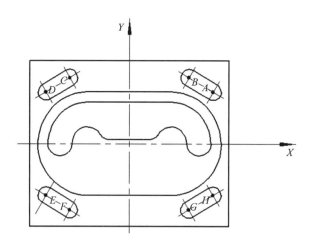
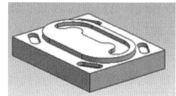

图 6-5　铣削 4 个键槽走刀路线

表 6-8　铣削 4 个键槽走刀路线基点坐标

序号	编号	绝对坐标		序号	编号	绝对坐标	
		X	Y			X	Y
1	A	42	25	5	E	−42	−25
2	B	30	32	6	F	−30	−32
3	C	−30	32	7	G	30	−32
4	D	−42	25	8	H	42	−25

4. 钻削 3 个 φ8mm 的孔走刀路线如图 6-6 所示,基点坐标见表 6-9。

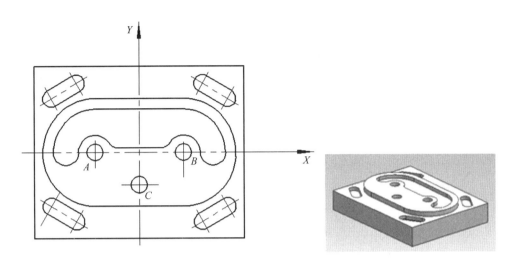

图 6-6　钻削 3 个 φ8mm 的孔走刀路线

表 6-9　钻削 3 个 φ8mm 的孔走刀路线基点坐标

序号	编号	绝对坐标		序号	编号	绝对坐标	
		X	Y			X	Y
1	A	−21	0	3	C	0	−15
2	B	−21	0				

五、编写程序

1. 二维轮廓程序

O6001;

G54G90G00G17G69G40G80;

M3S1000;

G0Z50.;

G0X-60.Y-50.;

G00Z5.;

G01Z-4.F100;

G01G41X-46.D01;

G01Y0;

G02X-21.Y25.R25.;

G01X21.;

G02Y-25.R25.;

G01X-21.;

G02X-46.Y0R25.;

G01Y50.;

G01G40X-60. ;

G01Z5. ;

G0X0Y8. ;

G01Z-2. 975F100；

G01G41X6Y14. D02；

G03X0Y20. R6. ;

G01X-21. ;

G03X-41. Y0R20. ;

G03X-29. Y0R6. ;

G02X-14. 259Y4. 308R8. ;

G03X-10. 046Y2. R5. ;

G01X10. 046；

G03X14. 259Y4. 308R5. ;

G02X29. Y0. R8. ;

G03X41. R6. ;

G03X21. Y20. R20. ;

G01X0；

G03X-6. Y14. R6. ;

G01G40X0Y8. ;

G01Z5. ;

G0X42. Y25. ;

G01Z-7. ;

G01X30. Y32. ;

G01Z5. ;

G0X-30. Y32. ;

G01Z-7. ;

G01X-42. Y25. ;

G01Z5. ;

G00X-42. Y-25. ;

G01Z-7. ;

G01X-30. Y-32. ;

G01Z5. ;

G0X30. Y-32. ;

G01Z-7. ;

G01X42. Y-25. ;

G01Z5. ;

G00X50. ;

M30；

2. 钻孔程序

O6002；

G55G90G00G17G69G40G80；

M3S1000；

G0Z50；

G0X0Y0；

G0Z5.；

G81X-21.Y0Z-10.R2.F50；

X21.Y0；

X0Y-15.；

G80；

G0Z50.；

M30；

六、程序调试

1. 机床开机操作

(1)打开宇龙仿真软件,选择数控铣床 FANUC-0i 系统。

(2)按下操作面板上的按钮![启动]，这时 CNC 通电,面板上电源指示灯亮。

(3)释放紧停按钮![紧停]，这时显示屏显示"READY"表示机床自检完成。

2. 手动回机床原点(参考点)

(1)按下手动操作面板上的操作方式开关![REF]（REF 键）。

(2)选择各轴依次回原点。

1)先将手动轴选择为 Z 轴![Z]，再按下"＋"移动方向键![+]，则 Z 轴将向参考点方向移动,一直至回零指示灯亮![Z原点灯]；

2)然后分别选择 X、Y 轴进行同样的操作,至回零指示灯亮![X原点灯][Y原点灯]；

3)此时 LED 上指示机床坐标 X、Y、Z 均为"0"如图 6-7 所示。

3. 程序输入

按![>>]进入程序编辑模式,按程序键![PROG]，输入程序名"O6001",按插入键![INSERT]，按换行键![EOB E]，按插入键![INSERT]，输入程序（一行一输入）,如图 6-8 所示。再用同样的操作输入 O6002。

4. 刀具半径补偿设置

按![OFFSET SETTING]进入刀具半径补偿界面,如图 6-9 所示,再按软键"补正",光标分别移动到"形状

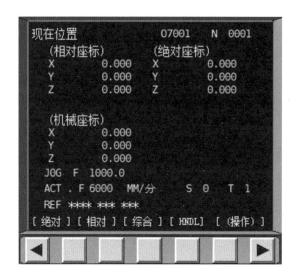

图 6-7　机床位置

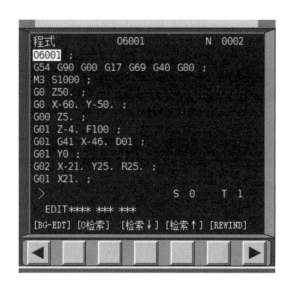

图 6-8　程序输入界面

（D）"，输入刀补数值 D01 为"4.030"按输入键 **INPUT**、D02 为"3.985"按输入键 **INPUT**。

5. 图形轨迹模拟

按编辑键 **⟨⟩** 和程序键 **PROG**，输入程序名"O6001"，按向下键 **↓** 调用已有程序。再按 **→** 选择自动工作方式，按图形键 **CUSTOM GRAPH**，机床消失进入图形显示页面，按循环启动按钮 **Ⅰ**，如图 6-10 所示，为 O6001 添加刀具半径补偿后图形轨迹模拟。

图 6-9　刀具半径补偿界面

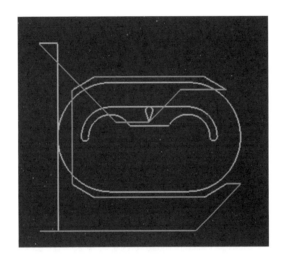

图 6-10　图形轨迹模拟

6. 工件毛坯选择与装夹

(1)按图形键![CUSTOM GRAPH]取消图形,进入机床显示页面,按定义毛坯键![立方体]选择毛坯形状与尺寸:毛坯 1 ⦿长方形 长 100mm,宽 80mm,高 20mm,按 确定 如图 6-11 所示。

(2)按夹具键![夹具],选择零件"毛坯 1",选择夹具"平口钳",按 向上 将零件升到最高,即出现报警"超出范围,不可移动",按![立方体]如图 6-12 所示。

(3)按![安装]选中毛坯 1,按 安装零件 如图 6-13 所示,机床中会显示夹具与零件

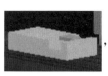，并出现移动键 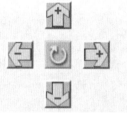 来调整位置。建议直接按

"退出"即可。

图 6-11 毛坯选择

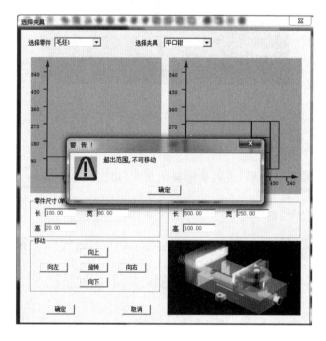

图 6-12 选择夹具

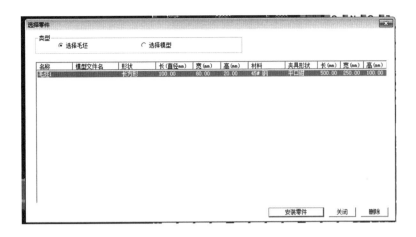

图 6-13　选择、安装零件

7. 刀具安装

按选择刀具键 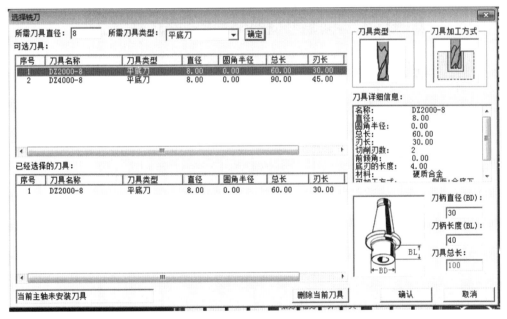，进入刀具选择界面，在刀具直径中输入"8"，刀具类型选择"平底刀"，点击"确定"后出现 2 把匹配刀具，选择其中 1 把后，在右下角点击"确认"，如图 6-14 所示。

图 6-14　选择刀具

8. 工件坐标系设置

前面我们已经介绍了两种找正工件坐标系的方法，这里就直接用测量平面方法直接记录原点机械坐标值，此方法找正方便、快速，该零件原点为工件上表面中心。

（1）X、Y 轴工件坐标系设置。

选择"测量"—"剖面图测量"。

测量(T)	互动教学(R)	系统
剖面图测量...		
工艺参数...		

1）X 轴原点机械坐标值：测量工具选择"外卡"，测量方式选择"水平测量"，调节工具选择"自动测量"。如图 6-15 所示，尺脚 A，X 轴机械坐标值为 -450.000，尺脚 B，X 轴机械坐标值为 -550.000，因此原点 X 轴机械坐标值为：$[-450+(-550)]/2=-500$。

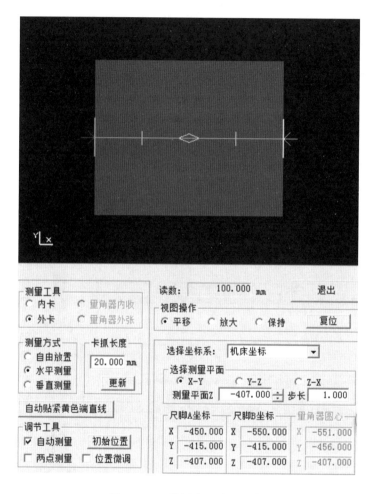

图 6-15　X 轴原点机械坐标值

2）Y 轴原点机械坐标值：测量工具选择"外卡"，测量方式选择"垂直测量"，调节工具选择"自动测量"。如图 6-16 所示，尺脚 A，Y 轴机械坐标值为 -375.000，尺脚 B，Y 轴机械坐标值为 -455.000，因此原点 Y 轴机械坐标值为：$[-375+(-455)]/2=-415$。

按 OFFSET SETTING 键选择 [坐标系] 移动光标至 G54 中 X 位置输入"$-500.$"，光标至 G54 中 Y 位置输入"$-415.$"

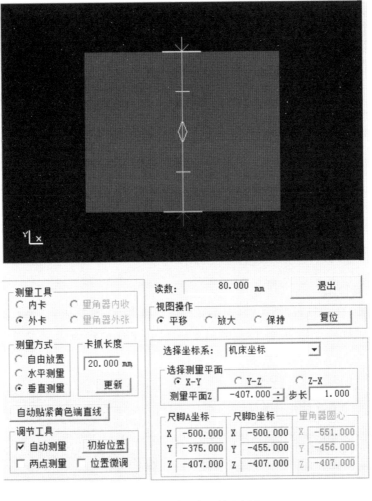

图 6-16　Y 轴原点机械坐标值

（2）Z 轴工件坐标系设置。

选择"测量"—"剖面图测量"。选择测量平面 X-Y ![选择测量平面 X-Y Y-Z Z-X]，点击 ![测量平面Z -358.000] 右侧向上的箭头，直至将测量基准面移动到工件的上表面，如图 6-17 所示，此时 ![测量平面Z -358.000] 为 Z0 的机械坐标值。

按 ![OFFSET SETING] 键选择 ![坐标系] 移动光标至 G54 中 Z 处，输入"-358."，按［(输入)］软体键。

如图 6-18 所示为 G54 工件坐标系设置界面。

图 6-17　测量平面显示

图 6-18　G54 工件坐标系设置界面

9. 模拟仿真加工

（1）调用 O6001 程序，自动运行，加工完成内外轮廓，如图 6-19（a）所示，选择合适视图观察零件加工情况。手动方式、编程或者扩大刀具半径补偿值去除余料，如图 6-19（b）所示。

(a)未去除毛坯余料

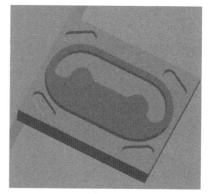

(b)去除毛坯余料

图 6-19　二维轮廓仿真加工

（2）安装 φ8mm 麻花钻，如图 6-20 所示。

（3）设定工件坐标系 G55，如图 6-21 所示。

（4）调用 O6002 程序，自动运行，加工完成钻孔，如图 6-22 所示。

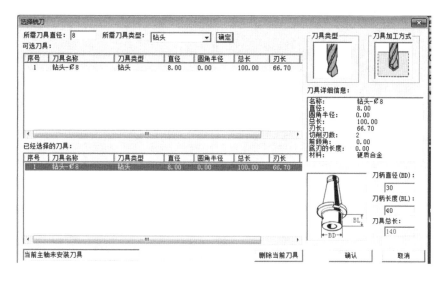

图 6-20　麻花钻选择界面

图 6-21　G55 工件坐标系设置界面

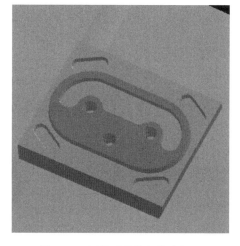

图 6-22　板类零件模拟仿真加工

10. 仿真检测零件

（1）在测量界面内选内卡——水平测量——自动测量，再调整两测量尺脚的位置，就能获得当前读数，如图 6-23（a）所示。

（2）在测量界面内选内卡——垂直测量——自动测量——两点测量，再调整两测量尺脚的位置，就能获得当前读数，如图 6-23（b）所示。

（3）在测量界面内选外卡——垂直测量——自动测量——两点测量——选测量平面 Y-Z——移动测量平面 X 测量平面X −533.000，使图形显示出工件的深度，再调整两测量尺脚的位置，就能获得当前读数，如图 6-24 所示。

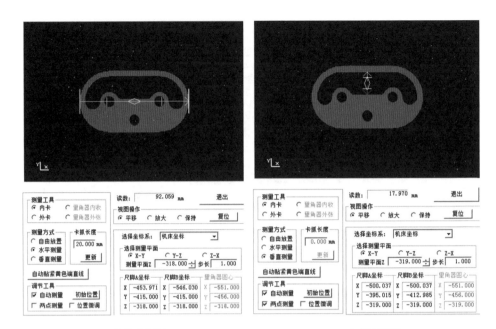

(a) 外轮廓测量   (b) 内轮廓测量

图 6-23   内、外轮廓测量

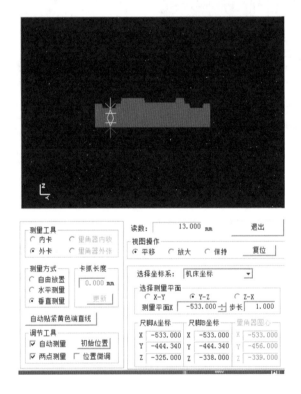

图 6-24   深度测量界面

作业练习

根据如图 6-25 所示图纸,完成程序编制及仿真加工,保证仿真零件符合图样要求。

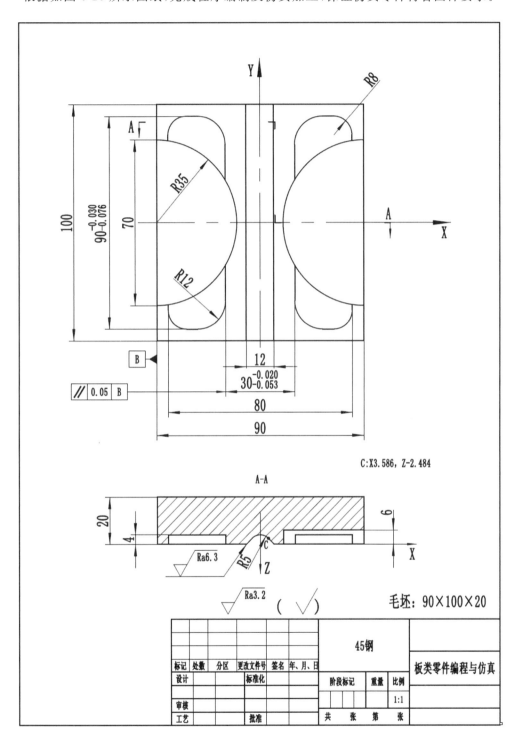

图 6-25　板类零件编程与仿真练习

模块二　盘类零件的编程与调试

模块目标

- 掌握盘类零件的加工工艺分析
- 掌握盘类零件的程序编制
- 掌握盘类零件的仿真加工
- 掌握仿真零件的测量

学习导入

通过前几个项目知识的学习,现要把所学的知识点运用到综合零件中去,熟练提高编程能力及仿真软件的使用。

任务　盘类零件的编程与调试

任务目标

1. 掌握盘类零件的程序编制
2. 掌握盘类零件的仿真加工

知识要求

- 掌握盘类零件的加工工艺

技能要求

- 能编制盘类零件的程序
- 能进行仿真加工及测量

任务描述

- 按照如图 6-26 所示的图纸,编制程序,并进行仿真加工及检测。

任务准备

- 图纸,如图 6-26 所示。

任务实施

1. 操作准备

图样、装有宇龙数控仿真系统的计算机。

2. 加工方法

手工编程,仿真模拟加工及测量。

3. 操作步骤

(1)阅读与该任务相关的知识;

(2)分析图样;

(3)编制程序;

(4)图形轨迹模拟;

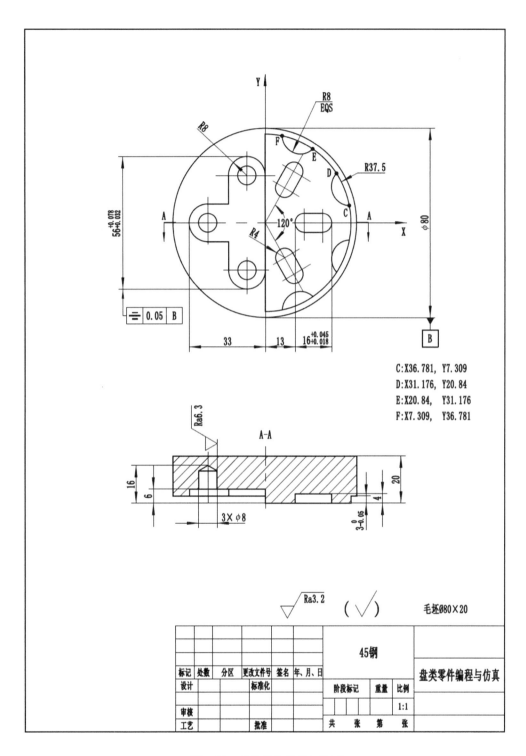

图 6-26　盘类零件编程与仿真

（5）仿真加工；

（6）检验。

4. 任务评价（见表 6-10、6-11）

表 6-10　客观评分表

编号	配分	评分细则描述	规定或标称值	得分
01	8	平面铣削程序运行轨迹 ● 完成自动铣削运行给 8 分，否则不给分	正确	
02	10	二维外轮廓程序运行轨迹 ● 完成运行，进退刀合理，轮廓形状正确给 6 分，错一处扣 1 分，扣完为止 ● 刀具半径补偿正确给 4 分，不正确不给分	正确	
03	10	"⊥"型内轮廓程序运行轨迹 ● 完成运行，进退刀合理，轮廓形状正确给 6 分，错一处扣 1 分，扣完为止 ● 刀具半径补偿正确给 4 分，不正确不给分	正确	
04	5	孔程序运行轨迹 ● 完成运行给 5 分，否则不给分	正确	
05	8	程序结构 ● 孔加工使用 G83 指令编程给 2 分，否则酌情扣分 ● 键槽加工使用极坐标编程给 2 分，否则酌情扣分 ● 参数设定合理给 2 分，否则酌情扣分 ● 有明显空刀现象扣 2 分	正确，合理	
06	10	工件外轮廓仿真加工 ● 完成加工，轮廓形状正确给 6 分，错一处扣 1 分，扣完为止 ● 刀具半径补偿正确给 4 分，不正确不给分	正确、完整	
07	10	"⊥"型槽内轮廓仿真加工 ● 完成加工，轮廓形状正确给 6 分，错一处扣 1 分，扣完为止 ● 刀具半径补偿正确给 4 分，不正确不给分	10	
08	5	孔仿真加工 ● 完成加工，位置正确给 5 分，否则酌情扣分	正确、完整	
09	6	● 保证 $56^{+0.078}_{+0.032}$ 尺寸公差得 6 分，否则不得分	$56^{+0.078}_{+0.032}$	
010	6	● 保证 $16^{+0.045}_{+0.018}$ 尺寸公差得 6 分，否则不得分	$16^{+0.045}_{+0.018}$	
011	6	● 保证 $3^{0}_{-0.05}$ 尺寸公差得 6 分，否则不得分	$3^{0}_{-0.05}$	
012	6	其他尺寸 ● 一个尺寸不正确扣 1 分，扣完为止	正确	
合计配分	90	总得分		

表 6-11　主观评分表

编号	配分	评分细则描述	评分	最终得分
S1	4	文明操作电脑		
S2	3	零件加工完整		
S3	3	熟练使用仿真软件		
合计配分	10	总得分		

注意事项：

编写加工程序，一次装夹只允许一个主程序。

知识链接

根据如图 6-27 所示图纸，完成零件的编程与调试。

一、工艺分析

1. 零件的加工要求

铣削加工零件如图 6-26 所示，零件材料为 45 钢，加工面上右侧是外轮廓凸台，深度为 5mm，高度有公差要求；左侧是一个有高度公差要求的内轮廓，深度为 9mm；中间有一个曲面槽，深度为 8mm。

2. 选择加工设备

设备类型选择数控铣床 FANUC-0i，零件毛坯尺寸 ϕ100mm×25mm。

3. 定位基准与工件坐标系

由于盘类零件的加工轮廓对称于零件的中心线，设定工件上表面的中心原点为工件坐标系原点。

4. 定位与装夹

以工件安装位置底平面为定位基准，用三爪卡盘夹紧工件。

毛坯料上表面伸出高度计算公式：坯料上表面伸出高度＞零件凸台高度

5. 刀具选用

(1)由于零件轮廓凹圆弧的最小半径为 8mm，考虑零件表面去除的毛坯余量较多，选用 ϕ12mm 键槽铣刀较为合理。

(2)曲面槽的半径为 6mm，选用 ϕ10mm 的球头铣刀加工。

6. 选用切削用量

根据零件图纸的技术要求，采用粗加工与半精加工的加工方法，选择高速钢铣刀，铣削切削用量选用见表 6-12。

表 6-12　铣削切削用量选用

刀具	粗加工		半精加工	
	转速 /(r/min)	进给速度 /(mm/min)	转速 /(r/min)	进给速度 /(mm/min)
ϕ12mm 键槽铣刀	800	60	1000	80
R5mm 球头铣刀	1000	60	1200	80

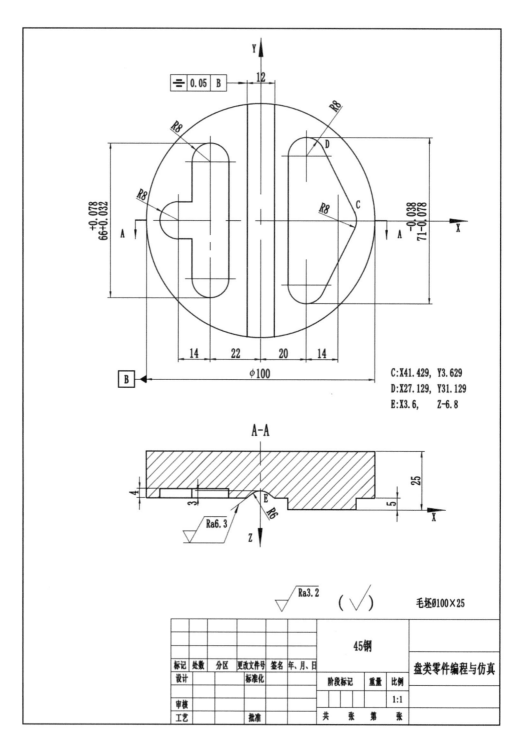

C:X41.429, Y3.629
D:X27.129, Y31.129
E:X3.6, Z-6.8

图 6-27 盘类零件编程与仿真

二、填写工艺卡（见表 6-13）

表 6-13 数控加工工艺卡

盘类零件编程与仿真数控加工工艺卡				零件代号		材料名称	零件数量
						45 钢	1
设备名称	数控铣床	系统型号	FANUC-0i	夹具名称	三爪卡盘	毛坯尺寸	$\phi 100 \times 25$
工序号	工序内容			刀具号	主轴转速/(r/min)	进给量/(mm/min)	背吃刀量 mm	备注
一	1. 以底面为基准，三爪卡盘装夹工件 $\phi 100 \times 25$ 毛坯，以工件上表面中心原点建立工件坐标系 G54							
	2. 粗加工外轮廓留 0.2mm 余量			T01	800	60	2	
	3. 精加工外轮廓至图纸尺寸要求			T01	1000	80	0.2	
	4. 粗加工内轮廓留 0.2mm 余量			T01	800	60	2	
	5. 精加工内轮廓至图纸尺寸要求			T01	1000	80	0.2	
	6. 换 $\phi 10$ 球头铣刀，以工件上表面为 Z0，建立坐标系 G55							
	7. 加工曲面槽至图纸尺寸要求			T02	1000	60	2	
二	去锐、入库							
编制		审核		批准		年 月 日	共 1 页	第 1 页

注：表头栏目顺序为：工序号 | 工序内容 | 刀具号 | 主轴转速/(r/min) | 进给量/(mm/min) | 背吃刀量 mm | 备注

三、填写刀具卡（见表 6-14）

表 6-14 数控刀具卡

序号	刀具号	刀具名称	刀具规格	刀具材料	备注
1	T01	键槽铣刀（平底刀）	$\phi 12$	高速钢	
2	T02	球头铣刀	$S\phi 10$	高速钢	
编制		审核	批准	年 月 日	共 1 页	第 1 页

四、走刀路线与基点坐标

1. 铣削外轮廓凸台的走刀路线如图 6-28 所示，基点坐标见表 6-15。

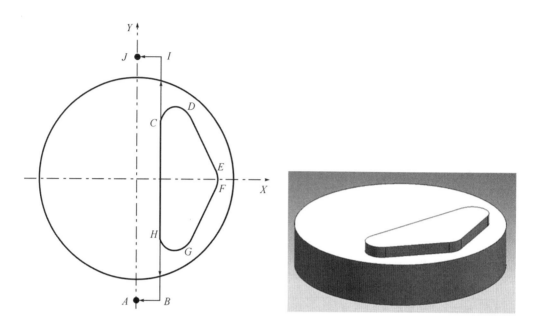

图 6-28　铣削外轮廓凸台的走刀路线

表 6-15　铣削外轮廓凸台的走刀路线基点坐标

序号	编号	绝对坐标		序号	编号	绝对坐标	
		X	Y			X	Y
1	A	0	−60	6	F	41.129	−3.629
2	B	12	−60	7	G	27.129	−31.129
3	C	12	27.5	8	H	12	−27.5
4	D	27.129	31.129	9	I	12	60
5	E	41.129	3.629	10	J	0	60

2. 铣削内轮廓的走刀路线如图 6-29 所示，基点坐标见表 6-16。

表 6-16　铣削内轮廓的走刀路线基点坐标

序号	编号	绝对坐标		序号	编号	绝对坐标	
		X	Y			X	Y
1	A	−22	0	6	F	30	−25
2	B	−22	8	7	G	−14	−25
3	C	−36	8	8	H	−14	25
4	D	−36	−8	9	I	30	25
5	E	−30	−8	10	J	−30	0

3. 铣削曲面槽走刀路线如图 6-30 所示，基点坐标见表 6-17。

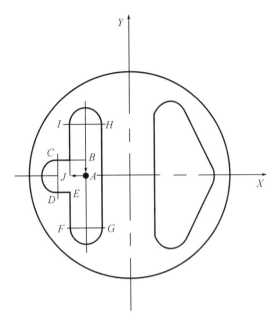

图 6-29　铣削内轮廓的走刀路线

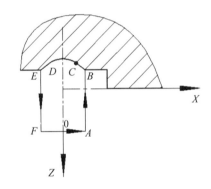

图 6-30　铣削曲面槽的走刀路线

表 6-17　铣削曲面槽槽走刀路线基点坐标

序号	编号	绝对坐标		序号	编号	绝对坐标	
		X	Y			X	Y
1	A	6	5	4	D	−3.6	−6.8
2	B	6	−5	5	E	−6	−5
3	C	3.6	−6.8	6	F	6	5

五、编写程序

1. 二维轮廓程序

O6003；

G54G90G17G80G69G40；

M3S1000；

G0Z30.；

X0Y-50.；

Z2.；

G1Z-5.F100；

G41X12.D01；

G1Y27.5；

G2X27.129Y31.129R8.；

G1X41.129Y3.629；

G2Y-3.629R8.；

G1X27.129Y-31.129；

G2X12.Y-27.5R8.；

G1Y50.；

G40X0；

Y-50.；

G1X-11.；

Y50.；

X-22.；

Y-40.；

X-33.；

Y40.；

X-44.；

Y-30.；

Z2.；

G0X-22.Y0；

G1Z-9.F100；

G41Y8.D01；

X-36.；

G3Y-8.R8.；

G1X-30.；

Y-25.；

G3X-14.R8.；

G1Y25.；

G3X-30.R8.；

G1Y0；

G40X-22.；

Z2.；

G0Z100.；

M30；

2. 曲面加工主程序：

O6004；

G55G90G17G80G69G40；

M3S1000；

G0Z30.；

G0X0Y-55.；

Z5.；

M98P2200003；

G0Z100.；

M30；

3. 曲面加工子程序

O0003；

G18；

G41G1X6.D02F100；

Z-5.；

X3.6Z-6.8；

G3X-3.6R6.；

G1X-6.Z-5.；

Z2.；

G40X0；

G91；

G1Y0.5；

G90；

M99；

六、程序调试

1. 机床开机操作

(1)打开宇龙仿真软件,选择数控铣床 FANUC-0i 系统。

(2)按下操作面板上的按钮 ,这时 CNC 通电,面板上电源指示灯亮。

(3)释放紧停按钮 ,这时显示屏显示"READY"表示机床自检完成。

2. 手动回机床原点(参考点)

(1)按下手动操作面板上的操作方式开关 (REF 键)；

(2)选择各轴依次回原点。

1)先将手动轴选择为 Z 轴 ,再按下"＋"移动方向键 ,则 Z 轴将向参考点方向

移动,一直至回零指示灯亮 ；

2）然后分别选择 Y、X 轴进行同样的操作，至回零指示灯亮 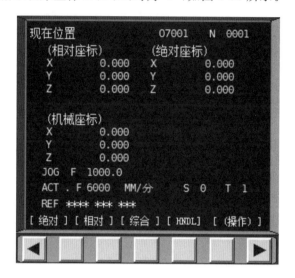；

3）此时 LED 上指示机床坐标 X、Y、Z、均为"0"，如图 6-31 所示。

图 6-31　机床位置

3. 程序输入

按 进入程序编辑模式，按程序键 PROG，输入程序名"O6003"，按插入键 INSERT，按换行键 EOB E，按插入键 INSERT，输入程序（一行一输入），如图 6-32 所示。再用同样的操作输入 O6004 程序。

图 6-32　程序输入界面

4. 刀具半径补偿设置

按 进入刀具半径补偿界面,如图 6-33 所示,再按软键"补正",光标分别移动到"形状(D)",输入刀补数值 D01 和 D02 均为"5.975",按输入键 **INPUT**。

图 6-33　刀具半径补偿界面

5. 图形轨迹模拟

按编辑键和程序键 **PROG**,输入程序名"O6003",按向下键调用已有程序。再按选择自动工作方式,按图形键，机床消失进入图形显示页面,按循环启动按钮，如图 6-34 所示,为 O6003 添加刀具半径补偿后图形轨迹模拟。

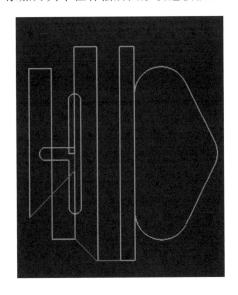

图 6-34　图形轨迹模拟

6. 工件毛坯选择与装夹

(1)按图形键取消图形,进入机床显示页面,按定义毛坯键选择毛坯形状与尺寸:毛坯 1 ⊙ 圆柱形 直径 100mm,高 25mm,按 确定 ,如图 6-35 所示。

图 6-35 毛坯选择

(2)按夹具键 ，选择零件"毛坯 1"，选择夹具"卡盘"，按 向上 将零件升到最高，即出现报警"超出范围，不可移动"，按 确定 ，如图 6-36 所示。

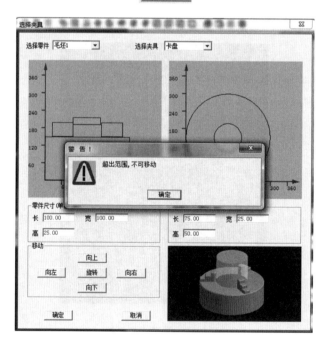

图 6-36 选择夹具

(3)按 选中毛坯 1,按 安装零件 ，如图 6-37 所示，机床中会显示夹具与

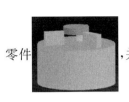 

零件 ,并出现移动键 来调整位置。建议直接

按"退出"即可。

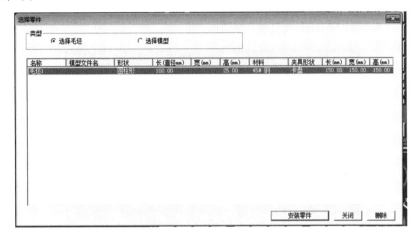

图 6-37   选择、安装零件

7. 刀具安装

按选择刀具键 ,进入刀具选择界面,在刀具直径输入"12",刀具类型选择"平底刀",

点击"确定"后出现 3 把匹配刀具,选择其中 1 把后,在右下角点击"确认",如图 6-38 所示。

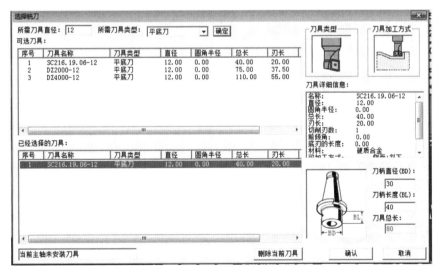

图 6-38   选择刀具

8. 工件坐标系设置

前面我们已经介绍了两种找正工件坐标系的方法,这里就直接用测量平面方法记录原

点机械坐标值,此方法找正方便、快速,该零件原点为工件上表面中心。

(1)X、Y 轴工件坐标系设置。

选择"测量"—"剖面图测量"。

测量(T)	互动教学(R)	系统
	剖面图测量…	
	工艺参数…	

1)X 轴原点机械坐标值:测量工具选择"外卡",测量方式选择"水平测量",调节工具选择"自动测量"。如图 6-39 所示,尺脚 A,X 轴机械坐标值为 -450.000,尺脚 B,X 轴机械坐标值为 -550.000,因此原点 X 轴机械坐标值为:$[-450+(-550)]/2=-500$。

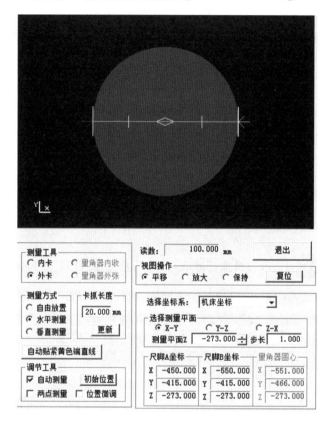

图 6-39　X 轴原点机械坐标值

2)Y 轴原点机械坐标值:测量工具选择"外卡",测量方式选择"垂直测量",调节工具选择"自动测量"。如图 6-40 所示,尺脚 A,Y 轴机械坐标值为 -365.000,尺脚 B,Y 轴机械坐标值为 -465.000,因此原点 Y 轴机械坐标值为:$[-365+(-465)]/2=-415$。

按 键选择 [坐标系] 移动光标至 G54 中 X 位置输入"$-500.$",光标至 G54 中 Y 位置输入"$-415.$"

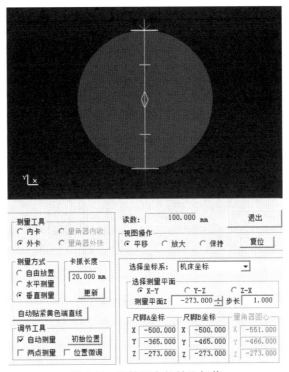

图 6-40　Y 轴原点机械坐标值

(2)Z 轴工件坐标系设置。

选择"测量"—"剖面图测量"。选择测量平面 X-Y ┌选择测量平面─────────────────────────,点
　　　　　　　　　　　　　　　　　　　　　　　　　　 ⊙ X-Y　　　○ Y-Z　　　○ Z-X

击 测量平面Z │　-273.000 ÷│ 右侧向上的箭头,直至将测量基准面移动到工件的上表面如

图 6-41所示,此时 测量平面Z │　-273.000 ÷│ 为 Z0 的机械坐标值。

按 OFFSET SETTING 键选择 [坐标系] 移动光标至 G54 中 Z 处,输入"-273.",按[(输入)]软体键。

如图 6-42 所示为 G54 工件坐标系设置界面。

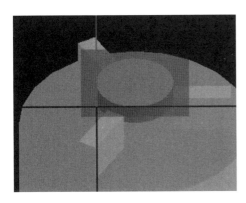

图 6-41　测量平面显示

图 6-42　G54 工件坐标系设置界面

9. 模拟仿真加工

（1）调用 O6003 程序，自动运行，加工完成内外轮廓，如图 6-43（a）所示，选择合适视图观察零件加工情况。手动方式、编程或者扩大刀具半径补偿值去除余料，如图 6-43（b）所示。

(a)未去除毛坯余料　　　　　　　　　(b)去除毛坯余料

图 6-43　二维轮廓仿真加工

（2）安装 φ10mm 球头刀，如图 6-44 所示。

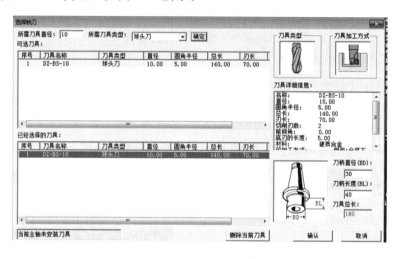

图 6-44　球头刀钻选择界面

（3）设定工件坐标系 G55，如图 6-45 所示。

（4）调用 O6002 程序，自动运行，加工完成曲面如图 6-46 所示。

图 6-45　G55 工件坐标系设置界面

图 6-46　盘类零件模拟仿真加工

10. 仿真检测零件

（1）在测量界面内选外卡——垂直测量——自动测量，再调整两测量尺脚的位置，就能获得当前读数，如图 6-47(a)所示。

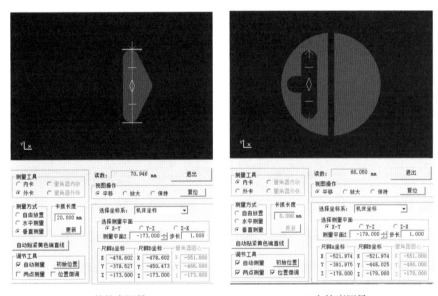

(a) 外轮廓测量　　　　　　　　　　　　(b) 内轮廓测量

图 6-47　内、外轮廓测量

2）在测量界面内选内卡——垂直测量——自动测量——两点测量——位置微调，再调整两测量尺脚的位置，就能获得当前读数，如图 6-47(b)所示。

3）在测量界面内选外卡——垂直测量——自动测量——两点测量——选测量平面 Z-X——移动测量平面 Y **测量平面Y** $\boxed{-414.000 \updownarrow}$，使图形显示出工件的深度，再调整两测量尺脚的位置，就能获得当前读数，如图 6-48 所示。

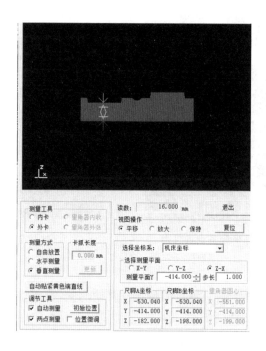

图 6-48　深度测量界面

作业练习

根据如图 6-49 所示图纸,完成程序编制及仿真加工,保证仿真零件符合图样要求。

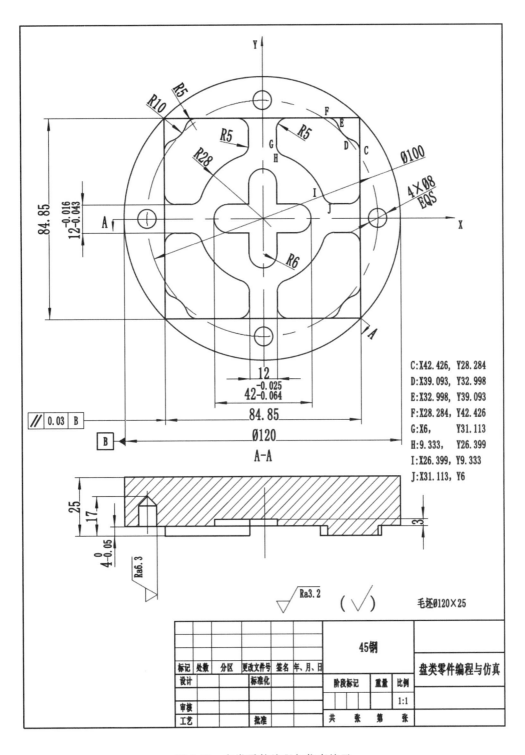

C:X42.426, Y28.284
D:X39.093, Y32.998
E:X32.998, Y39.093
F:X28.284, Y42.426
G:X6,   Y31.113
H:9.333, Y26.399
I:X26.399, Y9.333
J:X31.113, Y6

图 6-49　盘类零件编程与仿真练习

参考文献

[1] 李蓓华.数控铣工(中级)[M].北京:中国劳动社会保障出版社,2011.

[2] 朱勇.数控机床编程与加工[M].北京:中国人事出版社,2011.

[3] 唐健.数控加工及程序编制基础[M].北京:机械工业出版社,1997.

[4] 郑民章.数控铣削技术(上册)[M].上海:上海科学技术出版社,2016.

附　　录

综合零件的数控程序编制与应用

综合零件一

任务及要求：

根据附图一所示,完成下列任务。

1. 建立工件坐标系。
2. 选择合适的加工刀具。
3. 编写加工程序,一次装夹只允许一个主程序。
4. 调试程序并完成零件的仿真加工。

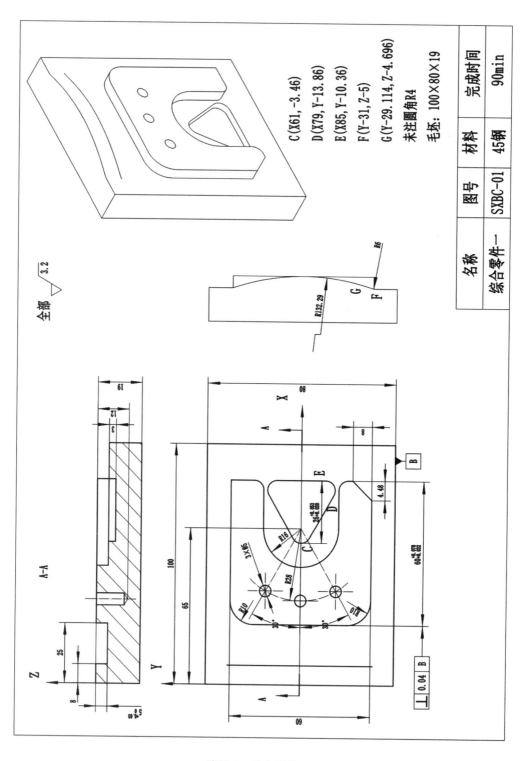

全部 √3.2

C(X61, -3.46)
D(X79, Y-13.86)
E(X85, Y-10.36)
F(Y-31, Z-5)
G(Y-29.114, Z-4.696)
未注圆角R4
毛坯: 100×80×19

名称	图号	材料	完成时间
综合零件一	SXBC-01	45钢	90min

附图 1　综合零件一

客观评分表

编号	配分	评分细则描述	规定或标称值	得分
01	10	二维外轮廓程序运行轨迹 ● 完成运行,进退刀合理,轮廓形状正确给6分,错一处扣1分,扣完为止 ● 刀具半径补偿正确给4分,不正确不给分	正确	
02	10	二维内轮廓程序运行轨迹 ● 完成运行,进退刀合理,轮廓形状正确给6分,错一处扣1分,扣完为止 ● 刀具半径补偿正确给4分,不正确不给分	正确	
03	2	曲面程序运行轨迹 ● 完成运行,形状正确给2分,不正确不给分	正确	
04	3	孔程序运行轨迹 ● 完成运行给3分,否则不给分	正确	
05	10	程序结构 ● 孔加工使用极坐标编程给2分,否则酌情扣分 ● 孔加工使用G83指令编程给2分,否则酌情扣分 ● 曲面加工使用子程序编程给2分,否则酌情扣分 ● 参数设定合理给2分,否则酌情扣分 ● 有明显空刀现象扣2分	正确,合理	
06	10	工件外轮廓仿真加工 ● 完成加工,轮廓形状正确给6分,错一处扣1分,扣完为止 ● 刀具半径补偿正确给4分,不正确不给分	正确、完整	
07	10	工件内轮廓仿真加工 ● 完成加工,轮廓形状正确给6分,错一处扣1分,扣完为止 ● 刀具半径补偿正确给4分,不正确不给分	正确、完整	
08	2	曲面仿真加工 ● 完成加工,形状正确给2分,不正确不给分	正确、完整	
09	3	孔仿真加工 ● 完成加工,位置正确给3分,否则酌情扣分	正确、完整	
010	10	轮廓余料 ● 轮廓余料完整切除给10分,切除不完整的酌情扣分	完整	
011	5	● 保证$60^{+0.078}_{+0.032}$尺寸公差得5分,否则不得分	$60^{+0.078}_{+0.032}$	
012	5	● 保证$26^{+0.053}_{+0.020}$尺寸公差得5分,否则不得分		
013	5	● 保证尺寸公差得5分,否则不得分	$26^{+0.053}_{+0.020}$	

续表

编号	配分	评分细则描述	规定或标称值	得分
014	5	其他尺寸 ● 一个尺寸不正确扣 1 分,扣完为止	正确	
合计配分	90	总得分		

主观评分表

项目:综合零件一

编号	配分	评分细则描述	最终得分
S1	4	文明操作电脑	
S2	3	零件加工完整	
S3	3	熟练使用仿真软件	
合计配分	10	总得分	

综合零件二

任务及要求:

根据附图 2 所示,完成下列任务。

1. 建立工件坐标系。

2. 选择合适的加工刀具。

3. 编写加工程序,一次装夹只允许一个主程序。

4. 调试程序并完成零件的仿真加工。

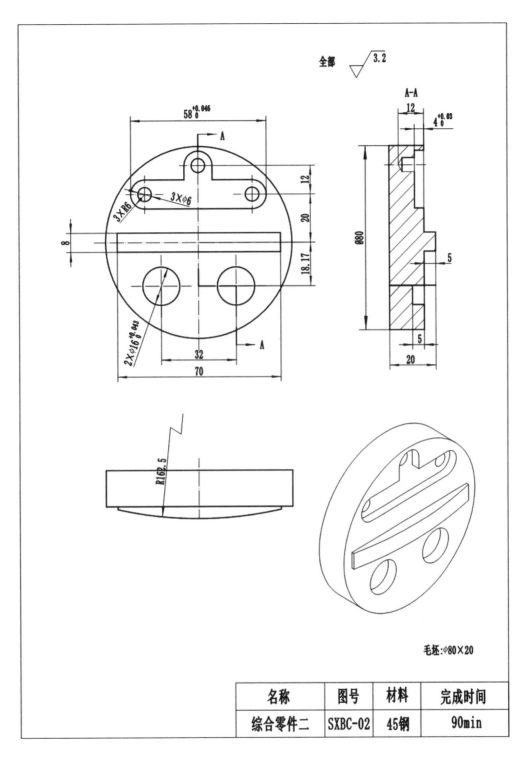

名称	图号	材料	完成时间
综合零件二	SXBC-02	45钢	90min

附图 2　综合零件二

客观评分表

编号	配分	评分细则描述	规定或标称值	得分
01	8	平面铣削程序运行轨迹 ● 完成自动铣削运行给 8 分,否则不给分	正确	
02	10	"⊥"型槽内轮廓程序运行轨迹 ● 完成运行,进退刀合理,轮廓形状正确给 6 分,错一处扣 1 分,扣完为止 ● 刀具半径补偿正确给 4 分,不正确不给分	正确	
03	10	圆形槽内轮廓程序运行轨迹 ● 完成运行,进退刀合理,轮廓形状正确给 6 分,错一处扣 1 分,扣完为止 ● 刀具半径补偿正确给 4 分,不正确不给分	正确	
04	2	曲面程序运行轨迹 ● 完成运行,形状正确给 2 分,不正确不给分	正确	
05	3	孔程序运行轨迹 ● 完成运行给 3 分,否则不给分	正确	
06	8	程序结构 ● 孔加工使用 G83 指令编程给 2 分,否则酌情扣分 ● 曲面加工使用子程序编程给 2 分,否则酌情扣分 ● 参数设定合理给 2 分,否则酌情扣分 ● 有明显空刀现象扣 2 分	正确,合理	
07	10	"⊥"型槽内轮廓仿真加工 ● 完成加工,轮廓形状正确给 6 分,错一处扣 1 分,扣完为止 ● 刀具半径补偿正确给 4 分,不正确不给分	正确,完整	
08	10	圆形槽内轮廓仿真加工 ● 完成加工,轮廓形状正确给 6 分,错一处扣 1 分,扣完为止 ● 刀具半径补偿正确给 4 分,不正确不给分	正确、完整	
09	2	曲面仿真加工 ● 完成加工,形状正确给 2 分,不正确不给分	正确、完整	
010	3	孔仿真加工 ● 完成加工,位置正确给 3 分,否则酌情扣分	正确、完整	
011	6	● 保证 $58_0^{+0.046}$ 尺寸公差得 6 分,否则不得分	$58_0^{+0.046}$	
012	6	● 保证 $2-\phi 16_0^{+0.043}$ 尺寸公差得 6 分,否则不得分	$\phi 16_0^{+0.043}$	
013	6	● 保证 $4_0^{+0.03}$ 尺寸公差得 6 分,否则不得分	$4_0^{+0.03}$	

编号	配分	评分细则描述	规定或标称值	得分
014	6	其他尺寸 ● 一个尺寸不正确扣 1 分,扣完为止	正确	
合计 配分	90	总得分		

主观评分表

项目:综合零件二

编号	配分	评分细则描述	最终得分
S1	4	文明操作电脑	
S2	3	零件加工完整	
S3	3	熟练使用仿真软件	
合计配分	10	总得分	

综合零件三

任务及要求:

根据附图 3 所示,完成下列任务。

1. 建立工件坐标系。

2. 选择合适的加工刀具。

3. 编写加工程序,一次装夹只允许一个主程序。

4. 调试程序并完成零件的仿真加工。

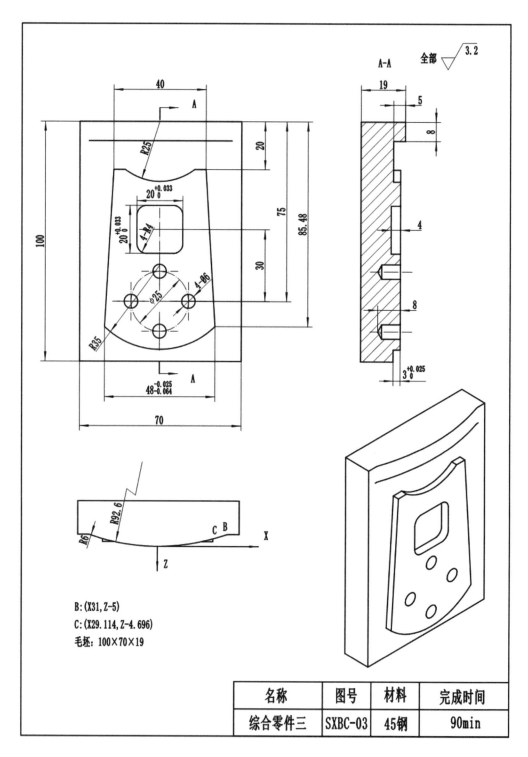

全部 ▽ 3.2

A-A

20^{+0.033}₀

20^{+0.033}₀

4-R4

φ25

4-φ6

R25

R35

R6

R92.6

C B

X

Z

B: (X31, Z-5)
C: (X29.114, Z-4.696)
毛坯: 100×70×19

名称	图号	材料	完成时间
综合零件三	SXBC-03	45钢	90min

附图 3　综合零件三

客观评分表

编号	配分	评分细则描述	规定或标称值	得分
01	6	平面铣削程序运行轨迹 ● 完成自动铣削运行给 6 分，否则不给分	正确	
02	10	二维外轮廓程序运行轨迹 ● 完成运行，进退刀合理，轮廓形状正确给 6 分，错一处扣 1 分，扣完为止 ● 刀具半径补偿正确给 4 分，不正确不给分	正确	
03	10	二维内轮廓程序运行轨迹 ● 完成运行，进退刀合理，轮廓形状正确给 6 分，错一处扣 1 分，扣完为止 刀具半径补偿正确给 4 分，不正确不给分	正确	
04	2	曲面程序运行轨迹 ● 完成运行，形状正确给 2 分，不正确不给分	正确	
05	3	孔程序运行轨迹 ● 完成运行给 3 分，否则不给分	正确	
06	10	程序结构 ● 孔加工使用极坐标编程给 2 分，否则酌情扣分 ● 孔加工使用 G83 指令编程给 2 分，否则酌情扣分 ● 曲面加工使用子程序编程给 2 分，否则酌情扣分 ● 参数设定合理给 2 分，否则酌情扣分 ● 有明显空刀现象扣 2 分	正确，合理	
07	10	工件外轮廓仿真加工 ● 完成加工，轮廓形状正确给 6 分，错一处扣 1 分，扣完为止 ● 刀具半径补偿正确给 4 分，不正确不给分	正确、完整	
08	10	工件内轮廓仿真加工 ● 完成加工，轮廓形状正确给 6 分，错一处扣 1 分，扣完为止 ● 刀具半径补偿正确给 4 分，不正确不给分	正确、完整	
09	2	曲面仿真加工 ● 完成加工，形状正确给 2 分，不正确不给分	正确、完整	
010	3	孔仿真加工 ● 完成加工，位置正确给 3 分，否则酌情扣分	正确、完整	
011	4	轮廓余料 ●轮廓余料完整切除给 4 分，切除不完整的酌情扣分	完整	
012	5	●保证 $48_{-0.064}^{-0.025}$ 尺寸公差得 5 分，否则不得分	$48_{-0.064}^{-0.025}$	
013	5	●保证 $20_{0}^{+0.033}$ 尺寸公差得 5 分，否则不得分	$20_{0}^{+0.033}$	

续表

编号	配分	评分细则描述	规定或标称值	得分
014	5	● 保证 $3_0^{+0.025}$ 尺寸公差得 5 分,否则不得分	$3_0^{+0.025}$	
015	5	其他尺寸 ● 一个尺寸不正确扣 1 分,扣完为止	正确	
合计配分	90	总得分		

项目:综合零件三

主观评分表

编号	配分	评分细则描述	最终得分
S1	4	文明操作电脑	
S2	3	零件加工完整	
S3	3	熟练使用仿真软件	
合计配分	10	总得分	